化工安全工程与技术管理研究

于波涛　闫方远◎著

东北林业大学出版社
Northeast Forestry University Press
·哈尔滨·

版权专有　侵权必究
举报电话：0451-82113295

图书在版编目（CIP）数据

化工安全工程与技术管理研究 / 于波涛，闫方远著.
-- 哈尔滨：东北林业大学出版社，2025.5. -- ISBN 978
-7-5674-3837-8

I. TQ086

中国国家版本馆 CIP 数据核字第 2025AG5325 号

责任编辑： 任兴华
封面设计： 北京研杰星空
出版发行： 东北林业大学出版社
　　　　　　（哈尔滨市香坊区哈平六道街 6 号　邮编：150040）
印　　装： 北京佳益兴彩印有限公司
开　　本： 787 mm×1 092 mm　1/16
印　　张： 14.25
字　　数： 220 千字
版　　次： 2025 年 5 月第 1 版
印　　次： 2025 年 5 月第 1 次印刷
书　　号： ISBN 978-7-5674-3837-8
定　　价： 60.00 元

如发现印装质量问题，请与出版社联系调换。（电话：0451-82113296　82191620）

前　言

在当今快速发展的化工行业中，安全管理与技术管理的重要性愈发凸显。随着全球经济一体化的进程加快，化工企业面临着日益复杂的安全挑战。如何有效地管理安全风险、保障员工健康以及环境安全，成为行业可持续发展的核心课题。《化工安全工程与技术管理研究》旨在为读者提供一个系统化的安全管理框架，帮助化工企业在生产、建设和运营的各个阶段实施有效的安全管理策略。

本书探讨了化工安全管理的基础知识、法律法规要求及责任制度的落实，通过对现代化工项目建设过程中的设计、施工和试运行等阶段的系统分析，展示了如何运用科学的管理方法降低安全风险。此外，危险化学品的安全管理也是本书的重要组成部分。本书系统介绍了危险品的分类、特性及其全流程的安全管理措施，以确保在各个环节中都能有效防范事故的发生。

随着科技的进步，自动化与智能化在化工安全管理中逐渐显现出其独特的优势。本书还探讨了如何利用新技术提升危险工艺的安全运行水平，并分析其在实际应用中可能面临的挑战。同时，我们也关注安全文化的建设，强调其在事故预防与管理体系中的核心作用，力求通过提升员工的安全意识和责任感，构建一个安全、高效的工作环境。

本书由于波涛、闫方远共同完成。于波涛完成第一章至第五章，以及文前内容的撰写，约11万字；闫方远完成第六章至第十章的撰写，以及参考文献的整理工作，约11万字。

由于作者水平有限，书中难免存在不足之处，请广大读者指正。

作　者

2025年3月

目 录

第一章 化工安全管理基础 ... 1
- 第一节 化工安全管理的定义与重要性 ... 1
- 第二节 化工安全法规与标准概述 ... 5
- 第三节 化工企业安全生产责任制落实 ... 13
- 第四节 化工过程风险分析与控制基础 ... 18

第二章 化工项目建设安全管理 ... 24
- 第一节 化工项目建设安全管理概述 ... 24
- 第二节 项目设计阶段的安全管理 ... 27
- 第三节 施工阶段的安全管理 ... 32
- 第四节 试运行与交接阶段的安全管理 ... 37

第三章 危险化学品安全管理 ... 43
- 第一节 危险化学品分类与特性 ... 43
- 第二节 危险化学品安全生产与操作规程 ... 48
- 第三节 危险化学品存储、运输与废弃管理 ... 54
- 第四节 危险化学品事故应急措施 ... 58

第四章　工艺安全管理与风险评估 …… 62

第一节　工艺安全管理的基本概念 …… 62
第二节　风险评估方法 …… 66
第三节　异常工况的处置与风险控制 …… 71
第四节　安全控制措施的评估与改进 …… 75

第五章　自动化与智能化技术在安全管理中的应用 …… 81

第一节　化工行业的自动化改造现状 …… 81
第二节　自动化技术在危险工艺中的应用 …… 86
第三节　智能化系统与安全监测 …… 92
第四节　自动化改造的难点与对策 …… 98

第六章　安全生产责任制与内生动力 …… 105

第一节　安全生产责任制的内涵 …… 105
第二节　企业安全管理人员的职责 …… 111
第三节　内生动力在安全管理中的应用 …… 117
第四节　安全责任落实的激励与考核机制 …… 123

第七章　化工安全文化与员工安全意识提升 …… 130

第一节　化工企业安全文化的重要性 …… 130
第二节　员工安全意识的培养 …… 134
第三节　安全文化建设的措施与激励机制 …… 138
第四节　安全文化在事故预防中的作用 …… 143

第八章　双重预防体系建设 ·················· 149

第一节　双重预防体系的概念与作用 ·················· 149

第二节　风险分级管控体系的建立与应用 ·················· 155

第三节　隐患排查与治理体系 ·················· 162

第九章　安全管理技术与设备 ·················· 169

第一节　化工设备的安全管理 ·················· 169

第二节　关键设备的安全性分析与改进 ·················· 176

第三节　仪器仪表与监控系统在安全管理中的应用 ·················· 183

第四节　安全设施的设计与技术标准 ·················· 190

第十章　应急管理与事故响应 ·················· 196

第一节　化工行业的应急管理体系 ·················· 196

第二节　应急响应流程与操作规程 ·················· 202

第三节　事故后的调查与管理改进 ·················· 208

参考文献 ·················· 215

第一章　化工安全管理基础

第一节　化工安全管理的定义与重要性

一、化工安全管理的定义

化工安全管理是化工行业中一项至关重要的工作，它涉及在化工生产与运营的各个环节中，通过科学的方法和系统的手段，识别、评估和控制安全风险，确保员工的健康与安全、环境的保护以及设备的正常运行。随着化工行业的不断发展，安全管理的重要性愈加凸显，尤其是在化工生产中，由于涉及大量危险化学品及复杂的工艺流程，潜在的安全隐患和事故风险不容忽视。

化工安全管理的核心目标是保障员工的健康和生命安全。在化工企业中，员工面临着各种潜在的安全威胁，如化学品泄漏、爆炸、火灾等。因此，化工安全管理要求企业建立全面的安全管理体系，明确各级管理人员的安全职责，强化安全培训，提高员工的安全意识和应急处理能力。通过系统的培训和演练，员工能够在面临突发事件时迅速做出反应，从而降低事故发生的可能性。

环境保护是化工安全管理的重要组成部分。化工生产过程中的废气、废水和固体废物如果不加以控制，可能对周围环境造成严重影响，甚至引发生态灾难。因此，化工企业必须遵循环境保护的法律法规，通过制定环境管理计划和安全管理措施，减少生产过程中对环境的影响。这包括对废弃物的妥善处理、对排放物的监测和控制，以及对事故发生后的环境修复等一系列管理活动。只有在保证生产安全的同时，才能实现对环境的有效保护，实现可持续发展。

设备安全也是化工安全管理的重要内容。化工生产设备的安全性直接关系到生产过程的顺利进行与安全保障。为了确保设备的安全运行，企业需对设备进行定期检查、维护和保养，及时发现和排除潜在的设备故障。同时，企业还应当引入先进的技术和设备，提升安全管理水平，如利用现代化的监测系统和智能化的管理工具，对设备的运行状态进行实时监控，从而实现对安全风险的提前预警和处理。

化工安全管理还强调了系统性和综合性。在化工生产中，安全管理不是对单一环节的管理，而是涉及整个生产流程的各个方面。安全管理需要从原材料采购、生产工艺设计到生产操作、设备维护和应急响应等各个环节进行系统性分析和综合性管理。通过建立完善的安全管理制度、流程和标准，化工企业能够更有效地识别和控制风险，确保整个生产过程的安全。

在化工安全管理中，风险评估是一个至关重要的环节。通过对生产过程中的潜在危险进行识别和分析，企业能够评估这些风险对员工、设备和环境可能造成的影响，从而制定相应的控制措施。风险评估通常采用定性与定量相结合的方法，借助于HAZOP（危险与可操作性分析）、FTA（故障树分析）等工具，对生产过程中可能发生的各种事故进行预测和分析，以便在发生事故之前采取预防措施。

二、预防事故的核心作用

有效的化工安全管理是确保化工企业安全运营的基石，其核心作用在于预防和减少化学事故的发生。化工行业的特性决定了其在生产过程中涉及大量危险化学品，这些化学品在不当操作或管理下可能引发严重的事故，导致人员伤亡、环境污染和财产损失。因此，化工企业必须建立和完善安全管理体系，通过制度化的流程和规范来强化安全防范措施。

制度化的安全管理流程是预防事故的有效手段。这些流程通常包括危险识别、风险评估、控制措施的制定与实施、监测和审查等环节。通过系统化的管理，企业能够全面识别生产过程中的潜在危险，从而及时采取相应的控制措施，以降低风险。例如，在新项目的立项阶段，企业应进行详尽的风险评估，识别可能的安全隐患并制定相应的预防措施。在实际操作中，借助于HRA（人因可靠性分析）

和HAZOP等工具，企业可以更科学地评估生产过程中的风险，并确保这些风险在可接受的范围内。

化工安全管理中的规范操作规程是防止事故发生的重要保障。企业应根据生产特点和危险化学品的性质，制定详尽的安全操作规程，确保员工在执行操作时遵循统一的标准。这些规程涵盖了从原材料的采购、存储到生产过程的每一个环节。例如，危险化学品的存储应遵循分级管理原则，防止不同化学品之间发生不良反应。通过标准化的操作规程，企业能够确保每位员工都明确自身的职责和操作流程，从而减少因人为因素导致的安全事故。

持续的安全培训和教育是提高员工安全意识的关键环节。企业应定期组织安全培训，向员工传达安全管理的重要性以及具体的操作要求，在培训中结合实际案例，帮助员工理解安全规程的必要性和实施中的细节。模拟演练也是培训的重要组成部分，可使员工在面对突发情况时能够保持冷静并采取正确的应对措施。安全意识的培养不仅仅是知识的传授，更是行为习惯的养成。在日常工作中，员工应自觉遵循安全规程，形成安全第一的工作习惯，从而在根本上减少事故的发生。

化工企业还应注重建立完善的应急响应机制，以应对可能发生的事故。尽管通过安全管理措施能够降低事故发生的概率，但一旦发生事故，如何迅速有效地进行应急处理，仍然是保障人员和环境安全的关键。因此，企业应制定详尽的应急预案，并定期进行演练，确保员工熟悉应急流程，能够在第一时间采取有效的应对措施。应急预案应包括事故发生后的报警、疏散、灭火和急救等步骤，确保在发生事故时能够最大限度地降低损失。

三、提升企业形象与竞争力

在现代商业环境中，企业形象与竞争力的提升往往与其安全管理水平密切相关。重视安全管理的企业不仅能有效降低事故发生的风险，还能在行业内建立良好的声誉，从而增强客户和投资者的信任，吸引优秀的人才。这种良性循环最终会为企业的可持续发展奠定坚实的基础。

安全管理的有效性直接影响到企业的声誉和品牌形象。在化工、建筑、制造等行业，事故的发生往往不仅会导致人员伤亡和财产损失，还可能对环境造成不可逆转的危害。这种负面影响会迅速传播，损害企业的公共形象。因此，企业在日常运营中应将安全管理置于优先位置，通过建立健全的安全管理体系，确保生产过程中的每个环节都符合安全标准。这种重视不仅能降低事故发生的可能性，还能在出现危机时，展现出企业的责任感和应对能力，维护其公众形象。

优秀的安全管理实践能够吸引投资者的青睐。投资者在评估企业时，往往会将安全管理作为重要的考量因素。一个安全管理规范的企业有着更低的运营风险，这对于投资者而言具有重要的吸引力。与那些频繁发生安全事故的企业相比，重视安全的企业在风险控制方面表现更为出色，能够为投资者提供更加稳定的回报预期。因此，企业通过实施全面的安全管理措施，不仅能提升自身的投资吸引力，还能在激烈的市场竞争中脱颖而出。

客户的选择也受到安全管理水平的直接影响。在当今消费者日益关注产品质量和企业责任的背景下，客户越来越倾向于选择那些在安全管理上表现突出的企业。无论是产品生产过程中的安全措施，还是对外提供的服务安全性，企业的安全管理水平都成为客户评判其综合实力的重要标准。通过增强安全管理的透明度，如公开安全记录、发布安全报告等，企业能够增强客户的信任感，提升客户忠诚度，从而在竞争中占据优势。

与此同时，重视安全管理还能够有效吸引和留住优秀人才。在当今人才竞争激烈的市场中，员工越来越看重企业的安全文化和工作环境。一个注重员工安全与健康的企业，往往能够吸引到更多的高素质人才，并激励他们在工作中全心投入。当员工感受到企业对其安全的重视时，他们的工作积极性和满意度也会显著提高，这将直接影响到企业的整体生产效率和团队协作。反之，忽视安全管理的企业可能面临人才流失的风险，这对企业的长远发展无疑是一个巨大的挑战。

企业通过良好的安全管理实践，可以推动内部管理的优化。安全管理的实施往往需要全面的培训、流程的标准化以及技术的创新，这些措施不仅能够提升安全水平，也会促进整体管理体系的完善。通过持续的安全培训和技能提升，员工的专业素质得以增强，从而使企业在市场中的竞争力得到提升。企业在实施安全管理的过程中积累的经验和教训，也将成为其宝贵的知识资产，为未来的持续改进提供依据。

第二节 化工安全法规与标准概述

一、法律法规及条例

在化工行业，特别是在涉及危险化学品和特种设备的安全生产管理中，相关的法律法规和标准起着至关重要的作用。它们为企业提供了明确的安全生产要求和操作规范，确保了企业在运营过程中的安全性，防范了事故的发生。以下是一些对化工安全至关重要的法律法规与标准。

（一）《中华人民共和国安全生产法》

《中华人民共和国安全生产法》是我国安全生产管理的基本法律，它确立了国家对安全生产的法律责任体系，规定了各级政府、企业及其从业人员的责任，明确了安全生产的管理体制和工作原则，特别是针对危险化学品的生产、运输和储存等过程提供了规范和指导。该法还强调了安全生产的预防原则，要求各类企业实施安全生产责任制，并加强员工的安全教育和培训，落实事故应急预案及其演练，确保在出现突发事件时能够迅速响应，减少损失。

（二）《中华人民共和国消防法》

《中华人民共和国消防法》对火灾预防、火灾事故的处理、消防安全责任的落实等方面做出了严格规定。特别是在化工行业中，许多生产过程和化学品存储都可能面临火灾风险。该法要求企业建立健全消防安全管理制度，加强消防设施建设，并组织开展消防演练。对于涉及易燃易爆物质的化工企业，消防安全管理更是重中之重，法律要求企业在生产前进行消防安全评估，并落实必要的防火措施。

（三）《中华人民共和国突发事件应对法》

《中华人民共和国突发事件应对法》明确了国家和地方政府在突发事件发生

时的应急响应义务，规定了应急管理体系和信息公开机制。化工企业若遇到如爆炸、泄漏等重大突发事件，必须迅速启动应急预案，采取必要的措施，减少危害，并及时报告相关部门。该法律对突发事件的分类管理和企业的应急管理要求进行了详细规定，要求企业加强应急准备，提高事故应急处置能力。

（四）《中华人民共和国特种设备安全法》

特种设备，如压力容器、锅炉、起重机等，广泛应用于化工生产过程中。《中华人民共和国特种设备安全法》专门对特种设备的安全管理做出了严格要求，明确规定了特种设备的设计、制造、安装、使用、维护和检查等全过程的安全管理职责。化工企业在使用特种设备时，必须严格遵守该法律的相关规定，确保设备在使用中的安全性，避免因设备故障引发事故。

（五）《危险化学品安全管理条例》

《危险化学品安全管理条例》是国家对危险化学品安全生产进行管理的重要条例，它详细规定了危险化学品的生产、储存、运输、使用和处置等方面的安全要求。该条例强调，企业在生产和使用危险化学品时，必须采取相应的安全防范措施，建立危险化学品管理档案，并进行定期的安全检查和风险评估。对于危险化学品事故的应急处置，该条例也规定了明确的应急响应程序和措施，要求企业具备处理突发事故的能力。

（六）《生产安全事故应急条例》

《生产安全事故应急条例》规定了在生产过程中发生事故时，如何组织应急响应，减少事故带来的损失。特别是在化工行业中，事故的危害性往往较大，且可能涉及污染、火灾、爆炸等多个风险源。该条例要求企业根据自身的生产特点制定详细的应急预案，并定期进行演练。发生事故时，企业要迅速启动应急响应，迅速处置，避免事故进一步扩大。

（七）《安全生产许可证条例》

根据《安全生产许可证条例》，化工企业在开展危险化学品生产活动之前，必须取得安全生产许可证。许可证的申请和审批程序要求企业必须通过严格的安全评审，只有具备相关安全条件的企业才能获得许可。这一条例有效地避免了不符合安全标准的企业从事危险化学品生产，保障了公共安全。

（八）《特种设备安全监察条例》

《特种设备安全监察条例》主要对特种设备的安全监察进行规范，要求对特种设备的设计、制造、安装、检验、维护等进行全面管理。特别是化工企业在使用特种设备时，必须严格执行设备的安全检验和维护规定，防止因设备故障导致的生产事故。

（九）《建设工程安全生产管理条例》

《建设工程安全生产管理条例》规定了建设工程项目的安全管理责任，要求建设单位、施工单位、监理单位共同履行安全生产管理职责。对于涉及化工行业的建设项目，尤其是生产装置的建设与改造，这一条例提供了明确的安全管理指导。

（十）《建设工程质量管理条例》

《建设工程质量管理条例》规范了建设工程的质量管理工作，特别是在化工企业的建设过程中，工程质量直接影响到设备的使用安全。该条例要求建设单位和施工单位必须严格按照设计和技术标准施工，确保工程质量符合安全标准，避免因工程质量问题带来安全隐患。

（十一）《生产安全事故应急预案管理办法》

《生产安全事故应急预案管理办法》详细规定了生产安全事故应急预案的编制、审批、实施等方面的要求。化工企业必须根据生产特点，编制应急预案，并进行演练。若发生事故，应急预案必须迅速启动，以最大限度减少事故造成的损失。

（十二）《建设项目安全设施"三同时"监督管理办法》

根据《建设项目安全设施"三同时"监督管理办法》，建设项目在设计、施工、竣工等阶段，必须同步考虑和落实安全设施建设。对于化工项目而言，这一规定确保了在项目实施过程中，安全设施的设计与建设能够与主体工程同步推进，避免安全设施不足或不到位的情况。

（十三）《危险化学品重大危险源监督管理暂行规定》

《危险化学品重大危险源监督管理暂行规定》要求企业对涉及重大危险源的危险化学品进行重点监督管理。企业必须识别和评估生产过程中可能存在的重大危险源，定期开展安全检查，确保重大危险源处于可控状态。对于存在重大危险源的企业，政府部门应加强监管，确保生产安全。

（十四）《危险化学品生产企业安全生产许可证实施办法》

《危险化学品生产企业安全生产许可证实施办法》明确了危险化学品生产企业取得安全生产许可证的具体流程，要求企业必须具备一定的安全管理能力和设施条件，才能依法申请并获得安全生产许可证。

（十五）《危险化学品建设项目安全监督管理办法》

《危险化学品建设项目安全监督管理办法》对危险化学品建设项目的安全监督进行具体规定，强调在建设项目实施过程中，必须确保安全设施的合规建设，并按照规定的程序进行监督管理。

（十六）《危险化学品安全使用许可证实施办法》

《危险化学品安全使用许可证实施办法》规定了危险化学品使用许可证的申请条件和管理程序，确保只有具备安全管理能力的单位才能使用危险化学品。

（十七）《危险化学品登记管理办法》

《危险化学品登记管理办法》要求企业对所使用的危险化学品进行登记备案，确保监管部门能够实时掌握危险化学品的使用情况，及时发现潜在的安全隐患。

（十八）《企业投资项目核准和备案管理办法》

《企业投资项目核准和备案管理办法》对企业投资项目的核准和备案管理进行了规范，涉及化工项目时，必须充分考虑安全生产和环境保护要求，确保项目在实施前具备合适的安全保障。

（十九）《产业结构调整指导目录（2024年本）》

《产业结构调整指导目录（2024年本）》对产业结构的调整提供了指导，鼓励安全、环保型的产业发展，特别是化工产业中的安全与环保技术的创新应用，能够提高整体产业的安全性和可持续发展能力。

这些法律法规和标准为化工企业的安全生产提供了完整的法治框架，它们的实施与遵循能够有效保障员工的生命安全、生产设施的稳定运行以及环境的可持续性。

四、标准规范

化工行业的安全管理离不开完善的标准和规范，它们为化工企业提供了操作指导和安全保障。化工安全标准规范涵盖了从生产、建设到运营等各个环节，涉及设备设施、工艺流程、危险化学品管理、应急处理等多个领域。建立和实施有效的安全标准规范，不仅有助于减少事故的发生，还能提高企业的整体安全管理水平。以下列举一些标准规范供读者参考（请读者参考相应最新版本）。

GB/T 150 压力容器

GB 2894 安全标志及其使用导则

GB 7231 工业管道的基本识别色、识别符号和安全标识

GB 12158 防止静电事故通用导则

GB 12476 可燃性粉尘环境用电气设备

GB 15603 常用化学危险品贮存通则

GB 18218 危险化学品重大危险源辨识

GB/T 20801 压力管道规范 工业管道

GB/T 21109 过程工业领域安全仪表系统的功能安全

GB/T 27921 风险管理 风险评估技术

GB/T 29304 爆炸危险场所防爆安全导则

GB/T 29328 重要电力用户供电电源及自备应急电源配置技术规范

GB/T 29639 生产经营单位生产安全事故应急预案编制导则

GB 30077 危险化学品单位应急救援物资配备要求

GB 30871 危险化学品企业特殊作业安全规范

GB/T 32857 保护层分析（LOPA）应用指南

GB/T 35320 危险与可操作性分析（HAZOP分析）应用指南

GB 36894 危险化学品生产装置和储存设施风险基准

GB/T 37243 危险化学品生产装置和储存设施外部安全防护距离确定方法

GB 39800.2 个体防护装备配备规范 第2部分：石油、化工、天然气

GB 50011 建筑抗震设计规范

GB 50016 建筑设计防火规范

GB 50017 钢结构设计规范

GB/T 50046 工业建筑防腐蚀设计标准

GB 50052 供配电系统设计规范

GB 50053 20 kV及以下变电所设计规范

GB 50054 低压配电设计规范

GB 50057 建筑物防雷设计规范

GB 50058 爆炸危险环境电力装置设计规范

GB 50060 3~110 kV高压配电装置设计规范

GB 50074 石油库设计规范

GB 50115 工业电视系统工程设计标准

GB 50116 火灾自动报警系统设计规范

GB 50140 建筑灭火器配置设计规范

GB 50151 泡沫灭火系统技术标准

GB 50153 工程结构可靠性设计统一标准

GB 50160 石油化工企业设计防火规范

GB 50187 工业企业总平面设计规范

GB 50219 水喷雾灭火系统技术规范

GB 50223 建筑工程抗震设防分类标准

GB 50235 工业金属管道工程施工规范

GB 50236 现场设备、工业管道焊接工程施工规范

GB 50316 工业金属管道设计规范

GB 50338 固定消防炮灭火系统设计规范

GB 50341 立式圆筒形钢制焊接油罐设计规范

GB 50347 干粉灭火系统设计规范

GB 50351 储罐区防火堤设计规范

GB 50453 石油化工建(构)筑物抗震设防分类标准

GB 50473 钢制储罐地基基础设计规范

GB 50475 石油化工全厂性仓库及堆场设计规范

GB 50489 化工企业总图运输设计规范

GB/T 50493 石油化工可燃气体和有毒气体检测报警设计标准

GB 50650 石油化工装置防雷设计规范

GB/T 50770 石油化工安全仪表系统设计规范

GB 50779 石油化工控制室抗爆设计规范

GB 50914 化学工业建(构)筑物抗震设防分类标准

GB 50974 消防给水及消火栓系统技术规范

GB 50984 石油化工工厂布置设计规范

GB 51283 精细化工企业工程设计防火标准

GB/T 51359 石油化工厂际管道工程技术标准

GB 51428 煤化工工程设计防火标准

GB 51047 医药工业总图运输设计规范

GB 3836.14 爆炸性环境 第14部分：场所分类 爆炸性气体环境

GB 17681 危险化学品重大危险源安全监控技术规范

XF 621 消防员个人防护装备配备标准

AQ 3009 危险场所电气防爆安全规范

AQ/T 3033 化工建设项目安全设计管理导则

AQ/T 3034 化工企业工艺安全管理实施导则

AQ 3053 立式圆筒形钢制焊接储罐安全技术规程

AQ/T 3054 保护层分析（LOPA）方法应用导则

AQ 8001 安全评价通则

AQ 8002 安全预评价导则

HG 20231 化学工业建设项目试车规范

HG/T 20507 自动化仪表选型设计规范

HG/T 20508 控制室设计规范

HG/T 20510 仪表供气设计规范

HG/T 20511 信号报警及联锁系统设计规范

HG/T 20573 分散型控制系统工程设计规范

HG/T 20675 化工企业静电接地设计规程

SH/T 3007 石油化工储运系统罐区设计规范

SH 3009 石油化工可燃性气体排放系统设计规范

SH/T 3038 石油化工装置电力设计规范

SH/T 3055 石油化工管架设计规范

SH/T 3060 石油化工企业供电系统设计规范

SH/T 3503 石油化工建设工程项目交工技术文件规定

SH/T 3543 石油化工建设工程项目施工过程技术文件规定

SH/T 3097 石油化工静电接地设计规范

TSG 08 特种设备使用管理规则

TSG 21 固定式压力容器安全技术监察规程

TSG D0001 压力管道安全技术监察规程 工业管道

TSG Z6002 特种设备焊接操作人员考核细则

TSG Z8001 特种设备无损检测人员考核规则

TSG ZF001 安全阀安全技术监察规程

TSG ZF003 爆破片装置安全技术监察规程
SHSG 052 石油化工装置工艺设计包（成套技术工艺包）内容规定

第三节　化工企业安全生产责任制落实

一、责任制的基本原则

安全生产责任制是确保企业安全生产的重要制度，其核心理念强调"谁主管、谁负责"。这一原则不仅明确了各级管理人员在安全生产中的责任和义务，还旨在通过形成层层负责的安全管理体系，提升企业整体的安全生产水平。随着化工行业的快速发展，安全生产责任制的重要性愈加凸显，它为化工企业在复杂的生产环境中安全生产提供了制度保障。

明确的责任划分是安全生产责任制的基本原则之一。在一个组织中，管理层次的不同意味着责任的不同，只有将责任具体化、清晰化，才能使各级管理人员充分认识到自己的职责所在。例如，企业高层管理者应对整个企业的安全生产负总责，负责制定安全方针和政策，确保安全资源的合理配置；中层管理者则应对其所在部门的安全生产负责，具体实施安全规章制度，组织安全培训和演练；而基层管理者则需负责现场的安全管理，监控生产过程中的安全隐患，及时采取纠正措施。通过这种责任的分层次管理，企业能够形成一个自上而下的责任链条，确保安全管理的有效落实。

责任制的实施需要与相应的考核机制相结合。企业应制定科学合理的安全考核指标，将安全生产责任落实到每一个岗位上。这些指标不仅包括事故率、隐患整改率等定量指标，还应涵盖安全培训的参与度、员工安全意识提升等定性指标。企业通过对各级管理人员的安全生产绩效进行考核，可以有效激励他们认真履行安全责任，形成良好的安全生产氛围。同时，考核结果应与薪酬、晋升等激励措施挂钩，使安全责任真正落到实处。这样，不仅能够提升管理人员的责任意识，还能够促进企业整体安全水平的提升。

安全生产责任制的基本原则还强调了责任的可追溯性。在企业发生安全事故后,应通过事故调查机制,追溯到相关责任人,明确其在事故中应承担的责任。这不仅有助于事故原因的分析与总结,更能在全公司范围内形成警示效应,增强员工的安全意识。责任追溯机制的建立,能够有效促进各级管理人员在日常工作中更加关注安全生产,主动识别和消除安全隐患,预防事故的发生。

安全生产责任制还需结合企业文化的建设,营造一个重视安全的企业氛围。安全责任制的有效实施不仅依赖于制度的约束,更需要企业文化的支撑。企业应通过宣传教育、安全培训等方式,增强员工对安全责任制的认同感和参与感,使其自觉遵守安全规章制度。在这样的文化氛围中,安全责任不仅仅是一种外部约束,更成为员工的自觉行动。在日常工作中,员工能够主动识别和报告安全隐患,积极参与安全管理,从而形成人人讲安全、人人抓安全的良好局面。

责任制的基本原则还应强调持续改进的理念。随着生产工艺的不断发展和安全管理水平的提升,企业的安全生产责任制也需与时俱进。定期对责任制进行评估和调整,结合实际情况不断优化安全管理措施,是提高安全管理有效性的必要手段。企业应通过定期的安全检查、隐患排查和安全评估,及时发现和解决安全管理中的问题,确保安全生产责任制始终发挥其应有的作用。

二、岗位责任的具体分配

在现代化工企业中,安全管理是保证生产稳定与员工生命安全的重要环节。岗位责任的具体分配不仅是法律法规的要求,更是企业实现安全生产、提升管理水平的基础。每个岗位的员工都应明确自身的安全责任,包括对安全设备的维护、作业环境的监控以及事故预防与应急响应等方面。只有在明确的责任体系下,企业才能有效落实安全管理,保障员工的生命安全与身体健康。

安全责任的明确有助于提升员工的安全意识。当每位员工都清楚自己的安全责任时,他们在日常工作中会更加注意安全操作,主动识别和排除潜在的安全隐患。比如,在生产岗位上,操作工不仅需要按照操作规程进行作业,还应对所使用的设备进行定期检查,确保设备在安全可用状态下运行。如果每位员工都能够在自己的岗位上做到尽职尽责,安全事故的发生概率将显著降低。

各个岗位的安全责任应与岗位特性相结合。不同的岗位在生产过程中面临的安全风险不同，因此，岗位责任的具体分配需要根据各岗位的特点来确定。例如，在化工厂的仓库管理岗位，工作人员的主要责任包括对危险化学品的分类、标识、存储及运输过程中的安全监控。仓库管理人员必须严格遵循相关的安全规程，确保仓库内的安全措施落实到位。同时，仓库管理人员还需定期对仓库进行安全检查，发现并排除隐患，确保无安全死角。

在生产车间，设备维护人员的安全责任同样至关重要。他们负责对各种生产设备的定期维护与检修，以防止设备故障引发的安全事故。在进行设备检修时，维护人员必须严格遵循操作规程，佩戴必要的防护装备，确保自身及他人的安全。此外，维护人员还应建立设备维护记录，对每次维护和检修的情况进行详细记录，以便追踪设备的安全状态。

除了具体岗位的职责外，企业还应建立有效的安全责任追究机制。责任追究机制能够对员工的安全行为进行监督和评估，从而促使他们在日常工作中更加注重安全。如果某个岗位在安全管理上出现失误，企业应根据事发情况，追究相关责任人的责任。这不仅能够警示其他员工，提升他们的安全意识，也能推动企业安全管理机制的完善。

在应急管理方面，各岗位的安全责任同样不能忽视。企业应制定详细的应急预案，并明确各岗位在应急情况下的职责与工作流程。在突发事故发生时，相关岗位的员工应迅速反应，按照预案进行应急处置，及时报告事故情况，确保迅速有效地控制事态发展。通过这种方式，员工不仅能在危机中保护自己，还能有效减少事故对企业的损失。

企业应定期组织安全培训和演练，确保员工了解自身的安全责任及应急处理流程。通过安全培训，员工能够掌握相关的安全知识和技能，提高应对突发情况的能力。演练则能够增强员工在实际事故中迅速反应的能力，使他们在面对真实的安全隐患时能冷静处理。

三、定期考核与评估

在化工行业中，安全生产责任的落实是确保企业安全运营的基础。为了提高安全管理的有效性，企业必须定期对安全生产责任的落实情况进行考核与评估。

这一过程不仅有助于发现潜在的问题和隐患，也为持续改进安全管理水平提供了重要依据。定期考核与评估的实施，可以从多个方面深入探讨。

定期考核与评估是确保安全生产责任落实的重要手段。企业在日常运营中，安全责任的落实涉及多个层面，包括管理层、操作人员和相关职能部门。通过定期的考核与评估，企业可以系统地检查各级人员在安全生产中的职责履行情况，从而确保每一项安全责任都有明确的执行者和监督者。例如，企业可以通过设立专门的安全考核小组，定期对各部门的安全管理工作进行检查，评估其是否遵循既定的安全规程、是否及时报告和处理安全隐患。这种系统化的考核机制能够增强员工的责任感，促使他们更加重视安全工作。

考核与评估过程中的数据收集和分析是改进安全管理的重要依据。定期的安全考核不仅仅是对责任落实情况的简单检查，更需要收集大量的数据和信息，包括安全事故的发生率、隐患排查的结果、员工的安全培训记录等。通过对这些数据的分析，企业可以识别出在安全管理中存在的共性问题和薄弱环节。

在实施定期考核与评估的过程中，企业还应重视员工的参与感和反馈机制。安全管理的有效性不仅依赖于管理层的决策，还需要员工的积极参与。因此，在考核与评估过程中，企业应鼓励员工积极表达意见和建议，收集来自基层的反馈信息。这种自下而上的反馈机制不仅能够丰富考核的内容，还能提高员工的安全意识，使他们感受到自己在安全管理中的重要性。

仅仅依靠定期考核与评估，还不足以实现安全管理的根本性提升，企业还需要建立完善的整改机制，以确保发现的问题能够得到及时的处理。每次考核结束后，企业应制订详细的整改计划，明确整改的责任人和时间节点，并对整改进展进行跟踪和督导。

定期考核与评估还应与企业的激励机制相结合，形成合力，促进安全管理水平的提升。企业可以根据考核结果，对表现突出的部门或个人给予奖励，反之，对未能达到安全标准的部门则需进行相应的处罚。通过激励与惩罚并举的方式，企业能够营造出一种重视安全、追求卓越的氛围，使得每位员工都能自觉履行安全责任。在这样的氛围中，安全管理不仅是管理层的职责，更成为每位员工的共同使命。

四、激励与惩罚机制

在化工行业，安全生产不仅关乎企业的经济效益，更涉及员工的生命安全和健康。因此，建立健全的激励与惩罚机制显得尤为重要。有效的激励与惩罚机制能够促进员工的安全意识，提高安全管理的整体水平，从而确保企业的安全生产。通过合理的激励措施，企业能够使员工在安全生产中感受到个人价值的实现，而通过适当的惩罚措施，则能有效遏制违反安全规定的行为。

激励机制先是通过奖励来鼓励员工积极参与安全管理。企业可以根据安全工作绩效设立多种奖励形式，比如安全绩效奖金、安全之星评选、优秀安全团队表彰等。这些奖励可以是物质方面的激励，比如奖金、礼品、年终奖等，也可以是精神方面的激励，如表彰、荣誉证书、公开表扬等。通过设定清晰可量化的安全目标，并对达成目标的员工给予奖励，企业能够有效激励员工在日常工作中更加关注安全。

激励机制的核心在于激发员工的内在动机。企业应当通过培训、宣传和文化建设等方式，增强员工对安全工作的理解，使其认识到安全工作的重要性和自身的责任感。当员工明确安全与自身利益息息相关时，他们会自发地关注安全生产，从而提升整体安全文化水平。此外，建立安全奖励机制时，企业应确保奖励的公平性和透明度，以增强员工的信任感和参与感。

激励机制并非单一存在，惩罚机制同样是安全管理体系中不可或缺的一部分。惩罚机制主要是对违反安全规定的行为进行相应的惩罚，以维护企业的安全管理秩序。对于安全事故的责任人，企业应根据事故的严重程度和造成的后果，采取相应的惩罚措施，如警告、罚款、降职、解雇等。同时，在实施惩罚时，企业应确保程序的公正性，避免因为情绪化或不公正的惩罚而导致员工产生负面情绪。

惩罚机制不仅仅是对个别员工的惩处，更重要的是通过惩罚对全体员工产生警示作用。当员工看到违规行为被及时处理时，他们会意识到遵循安全规定的重要性，进而增强自身的安全意识。企业在实施惩罚机制时，应注意将惩罚与教育结合起来，在惩罚的同时给予员工相应的培训和指导，帮助他们理解安全规定的意义，避免因无知或疏忽而导致的违规行为。

在实施激励与惩罚机制时，企业还应注重建立相应的考核标准。考核标准应涵盖安全培训、事故报告、隐患排查等多个方面，通过科学的考核体系，评估员工的安全表现。这不仅有助于企业及时了解员工在安全生产中的表现，也能够为后续的激励与惩罚提供依据。通过建立完善的考核体系，企业能够确保激励与惩罚措施的合理性与有效性，形成良好的安全管理循环。

企业还应鼓励员工主动参与安全管理，通过设置安全反馈机制，让员工可以对安全管理提出意见和建议。通过有效的沟通渠道，员工可以及时反馈自身在安全生产中遇到的问题和困惑，企业也能够根据员工的反馈不断优化安全管理措施。这样一来，员工不仅是安全管理的参与者，也是其积极的推动者。

在激励与惩罚机制的实施过程中，企业应保持灵活性，定期对激励与惩罚措施进行评估与调整。随着企业的发展和安全管理水平的提升，原有的激励与惩罚措施可能会逐渐显得不适应。因此，企业应根据实际情况不断完善激励与惩罚机制，使之与时俱进，更加符合员工的需求和企业的目标。

第四节　化工过程风险分析与控制基础

一、风险分析的必要性

在化工行业，生产过程往往涉及多种危险化学品和复杂的工艺系统，因此，风险分析显得尤为重要。它是识别和评估潜在危害的重要步骤，为安全管理提供科学依据，从而帮助企业制定有效的控制措施，降低事故发生的概率，确保员工的安全和健康。

化工过程中的风险分析能够系统地识别出潜在的危害源。由于化工生产通常涉及高温、高压和危险化学品，任何小的失误都可能导致严重的后果。因此，通过系统的风险分析，企业能够全面了解各个环节可能存在的风险，进而有针对性地制定相应的安全管理措施。

风险分析为企业提供了评估潜在后果的科学依据。在化工企业运行过程中，任何一个环节的故障都有可能引发一系列连锁反应，导致重大的安全事故。通过风险分析，企业可以评估各种潜在事件的可能后果，帮助管理层清楚认识到事故的严重性及其对人员、设备、环境等的影响。这样的评估不仅可以为应急预案的制定提供依据，还能为管理层在安全投资和资源配置上提供决策支持，确保企业在面临风险时能够采取最有效的应对策略。

风险分析在企业的安全文化建设中也起着不可或缺的作用。通过对风险的识别和评估，企业能够增强员工对安全问题的重视，形成以安全为核心的企业文化。当员工意识到潜在的风险时，他们更可能在日常工作中保持警惕，遵循安全规程，及时报告异常情况。这样的文化氛围能够有效减少安全隐患，提升整体的安全管理水平，确保企业在快速发展的同时不忽视安全问题。

随着相关法规和标准的不断完善，风险分析已经成为合规的重要组成部分。各国对于化工企业的安全管理都有明确的法律法规要求，企业必须通过定期的风险分析来满足这些要求。通过风险分析，企业可以有效评估其安全管理体系的合规性，及时发现并纠正潜在的合规风险，从而避免因安全管理不善而导致的法律责任和经济损失。

风险分析还能够为化工企业的可持续发展提供支持。在当前全球对可持续发展要求日益提高的背景下，企业不仅要关注经济效益，还需注重环境保护与社会责任。通过风险分析，企业可以识别出对环境和社会造成影响的潜在风险，从而制定相应的措施，降低生产过程中的环境污染和资源浪费。这不仅符合企业的社会责任，也有助于提升企业的品牌形象，增强市场竞争力。

二、常用的风险分析方法

在化工行业，风险分析是确保安全管理有效性的关键环节。通过系统的方法，企业能够识别、评估并控制潜在的安全风险，从而为安全生产奠定基础。常用的风险分析方法主要分为定性和定量分析两大类，其中HAZOP（危险与可操作性分析）和FMEA（失效模式与影响分析）是最为常见的工具，能够有效帮助企业全面识别和评估风险。

HAZOP是一种结构化的定性分析方法，通常用于评估复杂过程中的潜在危害。该方法依赖于团队的集体智慧，通常由多学科专家组成的团队通过对工艺流程的逐步审查，系统性地识别出可能的偏差及其引发的后果。在HAZOP分析中，团队会逐一审查工艺流程中的每个节点，结合特定的"指导词"，如"更多""更少""反向"等，探讨不同的操作条件如何影响系统的安全性。

相比之下，FMEA是一种定量风险分析方法，主要用于识别产品或过程中的失效模式及其影响。该方法通过系统地分析每个组件或过程环节，评估其潜在失效的严重性、发生概率及其可检测性。FMEA通常分为几个步骤。首先，团队需要列出所有可能的失效模式，随后评估每种失效模式的后果，并为每种失效模式分配一个严重性评级。接下来，团队需评估发生概率，并为其分配相应的分数，最后，团队对可检测性进行评估。通过计算每个失效模式的风险优先级数，企业能够优先关注那些风险较高的失效模式，并采取有效措施加以改善。

在实际应用中，HAZOP和FMEA各有其独特的优势和适用场景。HAZOP适用于复杂过程的安全分析，尤其在化工、制药等行业中，对工艺过程的全面理解至关重要。由于HAZOP强调团队的协作与集体智慧，能充分利用不同专家的知识和经验，从而挖掘出更多的潜在风险。而FMEA则更适合在产品开发阶段使用，可以帮助设计团队在早期阶段识别和消除潜在的失效模式，降低后续改进的成本和风险。

除了HAZOP和FMEA，企业还可以结合其他风险分析方法，如故障树分析（FTA）和事件树分析（ETA）。故障树分析通过逻辑图形化手段，展示系统失效的原因和路径，能够直观地识别系统中的薄弱环节。而事件树分析则从一个初始事件出发，分析其可能导致的后续事件及后果。这些方法在实际应用中往往相辅相成，能够为企业提供更全面的风险评估视角。

实施有效的风险分析方法不仅有助于识别和评估潜在的安全风险，还能在整个企业文化中植入安全意识。通过建立健全的风险分析流程，企业能够确保所有员工对潜在风险有清晰的认识，提升安全管理的整体水平。同时，企业通过定期开展风险分析活动，更新和优化风险评估结果，能够帮助自身在不断变化的环境中保持灵活性与适应性。

三、风险控制措施的实施

在现代化工企业中,风险控制是确保安全生产和员工健康的关键环节。企业应根据全面的风险分析结果,制定和实施切实可行的控制措施,以降低潜在风险发生的可能性,保护员工、设备和环境的安全。有效的风险控制措施不仅能够减少事故的发生,还能提高企业的整体管理水平和经济效益。

引入安全设备是风险控制的基础措施之一。现代化工企业应当依据风险评估的结果,选择适合自身生产特点的安全设备。其中包括自动化监测系统、泄漏检测仪、应急喷淋系统等高科技设备。这些设备可以实时监测生产过程中的危险因素,一旦发现异常情况,能够迅速发出警报并采取相应的应急措施。通过采用先进的安全设备,企业能够有效提高对潜在风险的防范能力,降低事故发生的概率。

改进操作流程是风险控制的重要环节。企业应对现有的操作流程进行全面审查,识别其中的安全隐患,并在此基础上进行优化和调整。优化操作流程时,企业应遵循"简化、标准化、安全化"的原则,确保每一个环节都能最大限度地降低风险。

员工培训是风险控制措施中不可或缺的一部分。无论设备和流程如何先进,如果由没有经过充分培训的员工进行操作,安全风险依然存在。因此,企业应定期开展安全培训,确保所有员工充分了解和掌握安全操作规程、应急处理流程及相关安全知识。培训内容应包括化学品的特性、危险识别、应急响应、个人防护措施等。系统的培训不仅可以提高员工的安全意识和责任感,还能增强他们应对突发事件的能力,降低事故发生的风险。同时,企业可以通过演练和模拟操作,提升员工在实际工作中处理安全隐患的能力,使其在面对紧急情况时能够冷静、迅速地采取适当的应对措施。

在实施风险控制措施的过程中,企业还应建立健全的监督和反馈机制。通过定期的安全检查和评估,企业能够及时发现和纠正执行过程中的问题,确保控制措施的有效落实。此外,企业应建立安全反馈渠道,鼓励员工对安全问题提出意见和建议,这样有助于发现潜在的风险和隐患。在这一过程中,企业应重视员工的参与感,通过激励机制,鼓励员工积极参与安全管理,形成全员参与、共同负责的安全文化。

为了进一步提升风险控制的效果，企业还可以借助数据分析与智能化技术，对风险进行动态监控和管理。通过大数据分析，管理者可以识别出影响安全生产的关键因素，并为企业制定更具针对性的控制措施提供数据支持。同时，智能化技术的应用能够实现对生产过程的实时监测和自动化控制，及时发现异常情况并进行处理，大大提高了风险控制的效率和精准度。

四、持续监测与反馈机制

在化工行业，风险控制措施的有效实施是保障安全生产的重要环节。然而，风险管理并不是一个一次性的活动，而是需要企业建立持续的监测与反馈机制，以确保所采取的控制措施始终发挥作用。有效的监测和反馈机制能够帮助企业及时识别潜在的安全隐患，评估管理策略的有效性，并根据实际情况进行必要的调整，从而实现安全管理的动态优化。

持续监测机制的建立需要明确监测的对象和指标。企业应根据自身的生产特点和风险评估结果，设定相关的监测指标，包括设备运行状态、安全隐患排查、员工遵守安全规程的情况等。这些指标不仅要具有可量化性，还应覆盖整个生产过程，以便全面反映安全管理的现状。通过实时监测这些指标，企业能够及时发现问题并采取措施进行整改。

企业在实施监测机制时，应确保监测数据的准确性和可靠性。这可以通过引入先进的监测技术和设备来实现。例如，企业可采用传感器和自动化监控系统，实时采集设备运行参数和环境数据，并进行分析。这种高科技手段不仅能够减少人工监测的盲区，还能提高数据收集的效率和精度。同时，企业还应建立完善的数据管理系统，对监测数据进行集中存储和分析，以便为后续的决策提供支持。

在进行监测后，定期评估控制效果是持续监测机制中的关键环节。企业应制定科学的评估周期，定期对监测数据进行分析，评估风险控制措施的有效性。评估内容包括：控制措施是否达到了预期效果，是否存在新的安全隐患，现行管理策略是否适应当前的生产环境等。这一过程不仅需要定量分析，还应结合定性评估，充分考虑员工的反馈和经验，以便对安全管理的各个方面进行全面审视。

除了定期评估，反馈机制也是持续监测的重要组成部分。企业应鼓励员工积极反馈他们在日常工作中遇到的安全问题和建议。员工是最直接的安全管理参与者，他们的意见和建议往往能够揭示潜在的安全隐患和管理盲点。因此，建立畅通的反馈渠道非常重要，这可以通过设立安全建议箱、定期召开安全座谈会等方式实现，使员工的声音能够被及时听到并加以重视。

在获得监测数据和员工反馈后，企业应及时调整管理策略，以确保安全管理的有效性和持续改进。这意味着企业需要具备灵活的应变能力，根据实际情况对安全措施进行优化。

企业在调整管理策略时，应注重沟通与协调。安全管理涉及多个部门和人员，任何策略的调整都可能对整体安全管理产生影响。因此，企业应确保各相关部门和员工在调整过程中充分沟通，达成共识，以便实现协同作战。通过增强各部门之间的合作与信息共享，企业可以更有效地应对安全管理中的各种挑战。

在建立持续监测与反馈机制的过程中，企业还应注重对安全文化的建设。安全文化的核心是每位员工对安全的重视和自觉遵循安全规程的意识。持续的监测与反馈机制应与安全文化建设相结合，使员工感受到安全管理的重要性和必要性。当员工认同安全管理的重要性时，他们将更加积极地参与监测与反馈，形成良性循环。

第二章 化工项目建设安全管理

第一节 化工项目建设安全管理概述

一、化工项目建设安全管理重要性与管理目标

化工项目建设安全管理在化工行业中占据着至关重要的地位，成为确保项目顺利进行、保障人员生命安全和环境保护的关键环节。随着化工行业的快速发展，项目建设规模不断扩大，技术要求日益提高，安全管理的重要性愈发凸显。有效的安全管理不仅能够降低事故发生的风险，还能提高项目的整体效率，增强企业的竞争力。

在化工项目建设中，安全管理的主要目标是识别和控制潜在的安全风险。项目的各个阶段都可能面临不同的安全隐患，从设计阶段的方案评审到施工阶段的现场管理，每一个环节都需要进行细致的风险评估。通过对潜在风险的全面识别，项目团队能够制定出相应的控制措施，确保在实施过程中对安全隐患进行有效监控与管理。

预防事故的发生也是安全管理的一个主要目标。事故不仅会造成人员伤亡和设备损毁，还可能对周围环境产生不可逆转的影响。企业通过系统的安全管理措施，可以建立起事故预防的机制，增强员工的安全意识，促使其在日常工作中自觉遵循安全规程。企业应在项目建设初期，就将安全管理融入项目的整体规划和实施中，确保安全措施与项目进度和质量目标相辅相成。

为了实现这些目标，化工项目建设安全管理必须制定科学的管理体系和程

序。这一体系应包括安全责任制的落实、安全管理组织的建立、安全培训的实施，以及安全检查与评估等各个方面。通过明确各级人员的安全职责，企业能够确保安全管理在项目建设中的有效落实。同时，建立健全的安全管理组织结构，有助于提升安全管理的专业性和系统性，确保在发生突发事件时能够快速响应。

培训是化工项目建设安全管理中不可或缺的一部分。企业应通过定期开展安全培训，提升员工的安全知识和应对能力，使其在面临安全风险时能够做出迅速而有效的反应。安全培训不仅包括新员工的入职教育，更应贯穿于员工的整个职业生涯，强化持续学习和不断提高的理念。这种培训应结合项目特点和员工实际情况，采用多种形式，确保培训内容生动易懂，从而提升培训的有效性。

项目建设中的安全检查与评估也是确保安全管理目标实现的重要手段。企业通过定期的安全检查，可以及时发现并纠正安全隐患，防止潜在问题发展为实际事故。安全评估则是对项目整体安全管理效果的评价，有助于发现管理中的不足和改进的方向。企业应建立完善的安全检查和评估机制，确保其能够在项目的不同阶段及时发挥作用，保障安全管理的连续性和有效性。

在化工项目建设的各个环节，沟通与协作也是实现安全管理目标的重要因素。各个部门通过密切配合，能够有效整合资源，形成合力，共同应对安全挑战。企业应鼓励员工之间的交流与反馈，建立开放的沟通渠道，使得安全信息能够及时传递和共享。这种沟通不仅有助于提升员工的安全意识，还能够促进对安全管理措施的理解和执行。

为了提高安全管理的有效性，化工项目建设还需要依靠先进的技术手段。现代信息技术的应用，如大数据分析、人工智能等，为安全管理提供了新的思路和工具。通过数据的实时监控与分析，企业可以及时掌握安全动态，做出科学决策。同时，技术手段也能够帮助企业提高安全培训的质量，增强员工对安全知识的掌握。

二、管理体系框架

有效的安全管理体系是化工企业实现安全生产、保障员工健康和维护环境安全的重要基础。这样的体系应当具备清晰的结构和明确的职责，以便于在复杂的化工环境中协调各项安全管理活动，降低事故发生的风险。构建一个完整的安全管理体系需要制定安全管理政策。这一政策应体现企业的安全理念和价值观，明确企业对安全的承诺以及实现安全管理目标的基本原则。安全管理政策不仅为企业的日常运作提供指导，还能够在发生安全事件时，作为企业责任和决策的依据。

安全管理体系必须设立合理的组织结构。有效的组织结构可以确保各级管理层在安全管理中的有效沟通与协作。组织结构应包括安全管理委员会、各部门安全管理小组和安全生产负责人等多个层级。通过设定不同层级的职责，企业能够确保安全管理的有效性和执行力。安全管理委员会负责制定和审核安全管理政策，评估安全管理体系的运行情况；各部门安全管理小组则负责落实具体的安全措施，确保日常工作符合安全要求。

在明确组织结构的基础上，职责分配是安全管理体系的重要组成部分。每个岗位的安全职责必须清晰明了，确保所有员工了解自身在安全管理中的角色与责任。通过明确职责，企业能够提高员工的安全意识，促进员工自觉遵循安全操作规程，减少因责任不清导致的安全隐患。责任分配还应覆盖从高层管理人员到一线操作工的各个层面，形成自上而下的责任链条，确保安全管理的有效落实。

除了政策和组织结构，安全管理体系还需要制定一套完整的管理程序。这些程序应涵盖安全管理的各个环节，从风险评估、隐患排查，到事故应急处理和安全培训等。通过系统的管理程序，企业可以有效识别潜在的安全风险，并采取相应的预防措施，降低事故的发生概率。具体的管理程序应当根据企业的实际情况和业务需求进行定制，确保其具有可操作性和灵活性。

在安全管理体系的实施过程中，持续的监测与评估是必不可少的环节。企业应建立定期检查与评估机制，通过对安全管理措施的实施效果进行评估，及时发现并纠正存在的问题。这一过程不仅有助于提升安全管理的有效性，还能够为进一步改进安全管理体系提供重要依据。监测与评估的结果应通过反馈机制及时传达给相关部门和员工，以促进持续改进和学习。

安全管理体系应与企业的整体管理体系相结合，形成合力。安全管理不仅仅是安全部门的责任，而是整个企业的共同任务。因此，安全管理体系的建设应融入企业的日常管理活动中，确保安全文化深入人心。在此基础上，企业能够形成全员参与的安全管理氛围，使每位员工都能在日常工作中关注安全，主动参与安全管理。

第二节　项目设计阶段的安全管理

一、安全设计原则

在化工项目的设计阶段，安全设计原则是确保安全生产和防止事故的重要基础。这一阶段的设计不仅影响着项目的实施效果，更关系到员工的生命安全、环境保护及企业的长期可持续发展。在设计过程中应将安全理念贯穿始终，确保在安全性、可操作性和经济性之间取得有效的平衡，以最大限度地降低潜在风险。

安全设计应以风险识别和评估为基础。在项目初期，设计团队应对整个工艺流程进行全面的风险评估，识别潜在的危险源和风险因素。这一过程不仅包括对设备和材料的分析，还应考虑到操作环境、员工行为以及外部条件等多方面的影响。通过系统地识别和评估风险，设计团队可以制定相应的控制措施，确保在设计方案中充分考虑安全性。

安全设计必须遵循工程安全规范和标准。每个行业都有特定的安全法规和技术标准，化工行业尤其如此。设计团队需对相关的法律法规、行业标准和企业内部规章制度进行深入研究，并在设计方案中予以体现。这不仅可以确保设计方案的合规性，还能够为项目的顺利实施提供法律和技术保障。设计师应在设计初期就考虑到这些标准，确保各个环节都符合安全要求。

设计方案的可操作性是安全设计的关键要素之一。安全设计不仅仅是关于设备和设施的选择，更关乎员工在实际操作中的安全。设计团队应考虑到员工的操作习惯、工作流程以及安全操作规程，使设计方案能够支持和提升员工的安全行为。为此，设计应尽量简化操作步骤，降低操作难度，并确保设备的维护和检修同样便于执行。通过提升设计的可操作性，员工能够更有效地遵循安全规程，减少人为错误带来的风险。

在设计过程中，经济性也是一个不可忽视的因素。安全设计并不意味着高成本，而是在保证安全性的前提下，实现成本的最优化。设计团队应通过合理的选材、工艺设计以及设备配置，寻求经济效益与安全性的最佳结合点。这不仅包括初始投资的控制，还应考虑到设备的运行维护成本和可能的安全事故损失。通过综合考虑这些因素，企业可以在保障安全的同时，实现可持续的经济发展。

安全设计还应注重系统思维，考虑整个化工流程的安全性。设计团队应从全局出发，分析各个环节之间的相互关系和影响，确保系统内的各个部分能够协调运作。在此过程中，设计者需要考虑到安全装置的布置、应急通道的设置以及事故处理设施的完备性。系统性的设计，能够有效地提升整体安全水平，确保在突发事件发生时，能够快速响应并有效处置。

安全文化的培育在设计阶段同样不可忽视。设计团队应鼓励各级员工积极参与关于安全设计的讨论，听取他们在实际操作中的意见和建议，通过与员工的沟通，更深入地理解实际操作中可能遇到的安全隐患，从而在设计方案中加以改进。这样的参与不仅能够提升设计的安全性，还能够增强员工的安全意识，使安全理念深入人心。

二、风险评估与分析

在化工项目的设计阶段，风险评估与分析是确保安全运营的重要环节。有效的风险评估能够识别和量化设计过程中可能存在的潜在危险，从而为后续的安全管理和决策提供依据。此过程不仅仅是一个形式上的审查，更是通过系统的方法论深入分析设计的各个方面，确保其在实际运行中能够抵御各种风险。

全面的风险评估要求团队具备深厚的专业知识和丰富的行业经验。设计人员需要对所用材料、工艺流程和设备特性有全面的了解，同时还需关注外部环境因素和操作人员的工作条件。这一阶段的风险识别应从多个维度进行，考虑包括技术、经济、环境和社会等方面的潜在风险，确保没有任何潜在危险被忽视。

风险评估不仅包括对潜在危险的识别，更应包括对其后果的分析与评估。通过评估不同风险事件可能导致的后果，团队可以明确风险的严重性和发生的可能性，从而确定优先级。此过程通常涉及建立风险矩阵，综合考虑可能的影响范围、受影响的对象和经济损失。这一评估过程帮助决策者合理分配资源，优先关注那些可能导致重大事故或影响的风险因素。

在评估完成后，团队需要将识别出的风险进行分类，并制定相应的应对策略。这些策略可能包括设计修改、操作规程的制定、培训计划的实施等，以降低风险发生的可能性或减轻其影响。在这一过程中，设计者应与项目管理、运营和维护团队密切合作，确保风险控制措施的可行性和有效性。

随着项目设计的进展，风险评估应当成为一个持续的过程。项目的各个阶段可能会引入新的技术、材料或流程，可能导致原有风险评估结果的变化。因此，设计团队应定期审查和更新风险评估结果，确保其始终反映当前的设计状态和操作条件。这种动态的风险管理理念有助于项目在不同阶段始终保持对安全隐患的敏感性，确保在任何时候都能够有效应对潜在的风险。

三、安全设施设计

在化工行业中，安全设施设计是保障生产安全的重要环节。设计阶段必须充分考虑安全设施的合理配置，以确保在潜在事故发生时，其能够迅速有效地进行应对和控制。这一过程不仅涉及设施的选择与布局，还包括对技术规范的遵循、环境影响的评估以及未来维护与操作的便利性等多个方面。

消防系统的设计是安全设施设计中的重中之重。有效的消防系统能够在火灾发生的第一时间进行响应，最大限度地减少人员伤亡和财产损失。设计阶段应综合考虑火灾的风险评估，选用适合的灭火器材、报警系统和自动喷水灭火系统。消防系统的布置要合理，确保覆盖所有可能的火灾隐患区域，且各类消防设施之间要有良好的协调性。此外，企业还需对消防系统进行定期检测与维护，以确保其始终处于最佳状态，能够在关键时刻发挥作用。

泄漏检测装置的设计同样至关重要。化工企业常常涉及大量危险化学品，这些物质一旦泄漏，将对环境和人员造成极大危害。因此，设计阶段需要引入先进的泄漏检测技术和设备，以便于实时监测和识别泄漏事件。有效的检测系统应具备高灵敏度和广覆盖率，能够迅速发出警报，提示相关人员采取应急措施。同时，设计应考虑检测系统的可维护性，确保在设备故障时能够及时进行检修，防止漏检现象的发生。

应急避难设施的设计也不可忽视。这些设施不仅要为员工提供安全避难的空间，还应配备必要的应急设备和疏散指示标识。避难设施的位置应便于员工快速到达，并应根据化工厂的布局进行合理规划。避难设施内部要配备足够的应急用品，包括医疗急救设备、饮用水和食品储备等，以应对长时间的避难需求。设计应考虑避难设施的通风与照明，以保障在紧急情况下的基本生存条件。

在安全设施的设计中，规范和标准的遵循至关重要。相关的国家法规和行业标准提供了安全设施设计的基本框架和要求，设计者需充分理解这些规范，以确保设计方案的合法性和科学性。同时，设计应兼顾最新的科技进展与行业最佳实践，利用新材料、新技术来提升安全设施的可靠性。

除了上述设施外，安全设施设计还应考虑到人因工程的因素。设计者需要充分理解员工在紧急情况下的行为特征与心理反应，以便优化安全设施的布局和功能。这种人性化的设计不仅能够提高员工的安全感和信任感，还能够提升其在紧急情况下的反应速度和处理能力。因此，设计者在设计阶段应进行充分的模拟与测试，确保设计方案能够真正满足实际操作的需要。

在安全设施的设计过程中，还应关注未来的维护与运营。这包括设施的易维护性、可更换性以及与现有生产流程的兼容性等。设计方案应考虑到未来可能的设备更新与技术迭代，确保安全设施能够适应不断变化的生产需求与技术环境。此外，设计者还需为安全设施的操作人员提供必要的培训，确保他们能够熟练掌握安全设施的使用与维护，从而提升整体安全管理水平。

四、设计变更管理

在化工项目建设中，设计变更是一种常见现象，通常由技术需求、市场变化、法规更新或其他外部因素引起。尽管设计变更可以为项目带来更好的性能和效率，但不当的管理可能引发新的安全隐患，甚至导致严重的事故。因此，建立严格的设计变更管理流程至关重要，以确保所有变更都经过充分的安全评估和审批，从而最大限度地降低风险。

设计变更管理的第一步是明确变更的来源和必要性。项目团队应详细记录所有变更请求，并对其进行初步评估，以判断变更是否合理、必要。此阶段的关键在于与相关利益相关者的沟通，包括设计人员、工程师和安全管理人员，以便全面理解变更的背景和潜在影响。有效的信息共享能够帮助团队识别变更可能引发的安全隐患，并为后续的详细评估打下基础。

在确认变更请求的合理性后，进入正式的评估阶段。这一过程需要对设计变更进行全面的安全风险分析，帮助项目团队系统地识别潜在的安全风险、评估风险的严重性和发生概率，并制定相应的控制措施。在评估过程中，必须考虑到变更对项目其他部分的影响，包括设备配置、操作流程、应急响应等方面的改变。全面的风险评估有助于确保所有潜在问题都被考虑在内，避免未来因设计变更导致的安全事故。

安全评估完成后，设计变更需经过严格的审批流程。在这一环节中，项目管理层及相关专家将审核评估报告，确认变更是否符合安全标准及项目要求。审批流程应具备透明性和可追溯性，以确保所有变更记录都可以被查阅和审计。只有在经过充分的审批后，设计变更才能被实施。这一过程不仅能够有效控制风险，还能在管理层与实施团队之间建立信任，确保各方对变更的理解和认同。

设计变更的实施阶段同样需要严格管理。相关团队需按照批准的变更方案实施，并对实施过程进行监督。项目管理人员应确保所有参与人员都了解变更的具体内容、实施要求以及安全注意事项。为了降低实施过程中的风险，项目团队应制订详细的实施计划，明确每个阶段的目标和责任，并进行适当的培训，以确保所有人员具备必要的技能和知识。

在设计变更实施完毕后，进行设计变更的效果评估和后续跟踪同样重要。这一过程可以帮助项目团队识别变更带来的实际影响，包括安全性、效率和成本等方面。通过持续的监测和反馈，企业能够及时调整管理策略，优化设计变更管理流程，进一步提升安全管理水平。记录和分析设计变更的结果对于未来的项目设计和实施具有重要的参考价值。

为确保设计变更管理的有效性，企业应建立相应的管理体系和标准。设计变更管理应成为项目管理体系的一部分，设定明确的职责分工和工作流程。此外，企业要定期开展设计变更管理的培训和演练，提升员工对设计变更风险的认知和应对能力。通过建立一个健全的管理体系，企业能够在不断变化的市场环境中灵活应对，保障项目安全和顺利实施。

第三节 施工阶段的安全管理

一、施工现场安全管理

施工现场因其复杂的工作环境和多样的作业活动，往往成为安全事故的高发地。因此，建立和实施严格的安全管理制度至关重要，这能有效防止事故的发生并保障工人的生命安全和身体健康。安全管理的第一步是进行入场安全教育，确保所有进入施工现场的人员都能够充分了解现场的潜在危险和安全注意事项。这种教育不仅包括安全知识的传授，还应涵盖具体的工作流程和应急处理程序，使工人能够在日常工作中自觉遵循安全规章。

在施工现场，个人防护装备的佩戴是保障安全的基本要求。每位员工都必须根据其所从事的工作类型，佩戴相应的防护装备，如安全帽、防护眼镜、耳塞、防护鞋等。这些装备在很大程度上能够降低因意外事件而导致的伤害风险。施工单位应定期检查个人防护装备的使用情况，确保其处于良好的工作状态，并对不符合要求的装备及时进行更换或维修。同时，现场管理人员应加强对员工佩戴防护装备的监督，促使员工形成良好的安全习惯。

现场作业规范的制定和落实是安全管理的重要组成部分。作业规范应根据具体施工项目的特点和实际情况进行详细编制，明确各类作业的安全操作规程。在此基础上，企业应定期组织安全培训和演练，提高工人的安全操作技能，增强其安全意识，通过不断强化现场作业规范，确保每一位员工都能够熟知并严格执行相关规定，从而降低事故发生的可能性。

在施工现场的安全管理中，事故隐患的排查与治理是不可或缺的环节。管理人员应定期对施工现场进行全面的安全检查，及时发现和整改安全隐患。隐患排查不仅包括对设备、材料和工艺的检查，还应关注作业环境和作业人员的安全状态。对发现的隐患，管理者应迅速采取有效措施进行整改，并做好记录和反馈工作，以防类似问题的再次发生。

除了日常的安全管理措施，施工现场还应制定应急预案，以应对突发事故。应急预案应包括事故的报警、救援和医疗等一系列具体步骤，确保在事故发生时能够迅速、高效地进行处理，最大限度地降低损失。所有员工都应参与应急演练，熟悉预案的具体内容和操作流程，提升自身的应急反应能力。在紧急情况下，良好的应急管理能够有效减少人员伤亡和财产损失。

施工现场的安全管理还需要建立健全的安全管理组织架构。企业应设立专门的安全管理部门，负责施工现场的安全管理工作。安全管理人员应具备相关的专业知识和丰富的实践经验，能够有效评估和管理现场的安全风险。此外，管理层应定期召开安全工作会议，分析安全管理工作中的问题，总结经验教训，及时调整和优化安全管理措施。

施工现场的安全管理还应注重安全文化的建设。安全文化是企业在长期发展过程中形成的一种价值观和行为规范，它对员工的安全意识和行为习惯具有深远的影响。通过宣传安全理念、表彰安全先进、开展安全活动等方式，企业可以逐步营造出重视安全的氛围，促进员工主动参与安全管理。在安全文化的影响下，员工对安全的重视程度会显著提高，从而在日常工作中自觉维护自身和他人的安全。

信息化手段在施工现场安全管理中的应用也不可忽视。现代化的信息技术，如安全监控系统、移动设备和数据分析工具，可以实时监测施工现场的安全状态，提高安全管理的效率。信息化手段不仅可以帮助管理人员及时获取现场的安全信息，还能对事故数据进行分析，找出事故发生的规律和隐患，从而为今后的安全管理提供科学依据。

施工现场的安全管理需要全员参与，形成合力。安全管理不仅仅是管理层的责任，所有员工都应对自身的安全负责，互相监督、相互提醒，形成良好的安全氛围。通过全员的共同努力，企业可以在施工现场建立起一个安全、和谐的工作环境，为施工项目的顺利进行提供有力保障。

二、危险作业控制

在化工施工过程中，危险作业的安全管理至关重要。这些作业通常涉及高风险因素，如高空作业、电气作业和有害气体作业等，因此对其实施细致的控制措施是必不可少的。为确保施工人员的安全，必须制定全面的作业规范和应急预案。

危险作业的安全管理应建立在全面的风险评估基础之上。风险评估需要对作业环境、设备、材料及作业人员的能力进行综合分析。这一评估能够识别潜在的危险因素，并确定其可能导致的后果。通过风险评估，管理层能够有针对性地制定安全管理措施，并为施工人员提供必要的安全培训和指导。这一过程不仅能够提高安全意识，也为后续的作业规范制定提供了科学依据。

针对高空作业，必须建立一套完整的安全管理体系。高空作业常常涉及人员在危险高度作业，容易引发坠落事故。因此，作业前应确保施工人员经过专业培训，熟悉高空作业的安全规范和操作流程。作业人员需要佩戴符合标准的安全防护装备，包括安全带、安全帽及其他必要的个人防护装备。此外，应定期对高空作业的设备进行检查和维护，确保其处于良好的工作状态。同时，作业区域应设立明显的安全警示标志，并进行必要的围挡，以防止无关人员进入。

电气作业的安全管理同样至关重要。电气作业涉及电源的切换、设备的维修和线路的布置等，任何不当操作都可能引发触电、火灾等严重后果。为此，所有参与电气作业的人员必须接受严格的安全培训，掌握电气设备的基本工作原理和安全操作规程。在作业前，应确认电源切断，并使用合格的工具和防护设备。在施工现场，需设立专门的电气作业区域，并进行有效的安全隔离，以减少其他作业对电气作业的干扰。此外，施工现场还应配备必要的消防器材，以便在发生火灾等紧急情况时能够及时应对。

有害气体作业的安全管理也很关键。化工生产中常常存在挥发性有机化合物、酸性气体等有害气体，这些气体对施工人员的健康构成威胁。因此，在进行有害气体作业之前，需进行充分的环境监测，确保作业环境中的有害气体浓度在安全范围内。作业人员应佩戴适当的呼吸防护装备，并在作业区设置有效的通风设施，以降低有害气体的浓度。企业应制定详细的应急预案，以应对可能出现的有害气体泄漏等突发事件。在作业过程中，需配备专门的监测仪器，实时监控作业环境的气体浓度，确保施工人员的安全。

在制定作业规范时，必须确保所有相关人员充分理解并严格遵守这些规定。

作业规范应详细描述各类危险作业的安全要求、操作流程、检查标准以及事故应急处理措施。企业应定期组织安全教育和培训，以提升员工对安全管理的重视程度和实际操作能力。同时，施工现场的安全管理人员应进行不定期的巡查，及时发现并纠正不安全行为，确保作业规范的落实。

三、安全检查与监督

在化工行业中，安全检查与监督是保障安全生产的重要环节。通过定期开展安全检查，企业能够有效识别和消除潜在的安全隐患，确保施工现场的安全性。这一过程不仅包括对安全设施和施工设备的检查，还需关注作业人员的安全行为和意识，从而形成一个全面、系统的安全管理体系。

安全检查的首要任务是评估和监控施工现场的安全设施。这些设施是确保生产安全的重要基础，包括安全防护设备、紧急疏散通道、消防设施等。企业定期检查这些设施的完好性和功能性，能够及时发现问题并采取修复或更换措施，防止因设施故障而引发的事故。同时，安全检查应覆盖施工设备的运行状态，确保其符合国家和行业的安全标准。设备的正常运转是安全生产的关键，因此，企业需要建立健全的设备检查制度，明确检查频次和内容，以确保设备在使用过程中的安全性。

除了对设施和设备的检查外，监督作业人员的安全行为也是安全检查的重要组成部分。作业人员是安全管理的主体，他们的安全意识和行为直接影响到整个施工现场的安全状况。因此，定期对作业人员进行安全培训与教育是必要的。企业应通过培训，使员工了解相关的安全规程、潜在的危险和应急处理方法，进而增强他们的安全意识和自我防护能力。同时，现场监督人员应积极参与日常作业，观察并评估员工的安全操作行为，确保他们在工作中自觉遵守安全规范。对于发现的不安全行为，监督人员应及时进行纠正，并给予必要的指导与支持。

有效的安全检查与监督还需建立明确的责任制和奖惩机制。企业应明确安全检查的责任人，确保每一项检查都有专人负责。责任制的落实能够增强员工的安全责任感，提高安全检查的有效性。企业应制定相应的奖惩措施，对表现突出的员工进行表彰与奖励，激励全员参与安全管理，同时，对屡次违规的行为应给予相应的惩处，形成有效的监督机制。

在安全检查的过程中，企业应注重信息的记录与反馈。每次检查后，应将检查结果整理成文档，包括发现的隐患、整改措施、责任人及整改时间等信息。这不仅为后续的检查提供了依据，也为企业的安全管理提供了数据支持。通过建立安全检查档案，企业能够对隐患整改情况进行跟踪与评估，从而不断完善安全管理措施。

安全检查与监督还需适应新的安全管理理念与技术的发展。随着科技的进步，智能化、数字化手段的应用为安全检查提供了新的可能性。例如，利用无人机进行高空检查，使用传感器监控设备状态，或通过信息管理系统分析安全数据，提升安全检查的效率与准确性。企业应积极探索这些新技术的应用，将其纳入安全管理体系中，从而提升整体的安全水平。

四、安全事故应急响应

在化工行业，施工阶段的安全事故应急响应是确保人员安全和环境保护的重要环节。制定完善的安全事故应急响应预案，不仅是法律法规的要求，更是企业保护员工生命安全和公司资产的重要措施。预案应系统全面，涵盖各类可能发生的突发事件，确保应对措施科学、合理且易于执行。

事故应急响应预案的编制应基于全面的风险评估，识别施工过程中可能出现的各种突发事件，如火灾、爆炸、化学品泄漏等。通过对历史数据的分析和现场条件的调查，企业能够明确不同类型事故的发生概率及其可能造成的后果，从而为应急响应提供科学依据。通过这种系统的风险识别，企业可以制定有针对性的应急措施，使得预案在实际应用中更具有效性。

明确责任分工是应急预案的重要组成部分。预案中应详细规定在事故发生时各级人员的责任与角色。施工现场的管理者需负责事故现场的指挥，确保实施应急措施，维护现场秩序，并及时与外部救援机构沟通。同时，员工应接受培训，了解自己的职责和应采取的具体行动。通过清晰的责任分配，员工能够在事故发生时避免混乱，提高响应效率，确保各项措施能够迅速落实。

应急响应预案的实施需要相应的资源保障。这包括人力、物力和技术支持。

企业需确保在事故发生时，能够迅速调动必要的设备与资源进行处理，如灭火器、泄漏处理材料、应急医疗设备等。同时，应急响应小组应具备必要的专业技能和应急处理知识，以便在事故发生时能够进行科学有效的处置。资源的充分准备将大大提高应急响应的成功率，减少事故带来的损失。

针对不同类型的事故，预案中应包含具体的应急处理措施。这些措施应结合现场实际情况和事故类型，详细描述应对流程。例如，在化学品泄漏事故中，预案应规定如何快速隔离泄漏区域、进行泄漏堵截、处理泄漏物质及开展后续的环境监测等。同时，预案还应包括对受伤人员的急救措施和及时报告机制，确保医疗救助能够在第一时间进行。应急措施的细致化能够有效提升事故处理的效率，确保每一步都能精确执行。

为了确保应急预案的有效性，企业还应定期进行演练和评估。通过模拟演练，员工能够熟悉应急程序，提高应急处置能力。同时，演练也为发现预案中的不足提供了契机，使得企业能够在不断优化的过程中提升整体应急响应水平。在演练后，企业应开展总结和反馈，及时调整和完善应急预案，以适应新的环境和变化的风险。

应急响应预案不仅仅是事故发生后的处理手段，更是企业整体安全文化的重要体现。通过有效的预案和培训，企业能够增强员工的安全意识，使其在日常工作中时刻保持警惕，积极参与到安全管理中。每位员工都应了解应急预案的重要性，增强自我保护意识，这种意识将在事故发生时发挥至关重要的作用。

第四节　试运行与交接阶段的安全管理

一、试运行前的准备

在化工项目的实施过程中，试运行是一个至关重要的环节，其成败直接关系到设备的后续使用和整个生产系统的安全性。因此，在试运行之前，进行充分的准备工作是非常必要的。企业应对设备及系统进行全面检查，确保其各项指标符合设计要求和安全标准。这一过程不仅包括对设备物理状态的检查，还涉及对软件系统的评估,以确保其运行稳定且符合预期。

全面检查的第一步是对设备进行机械、电子和化学特性的评估。这包括检查设备的各个组件,如泵、阀门、反应器和管道,确保它们的结构完整,没有损坏或缺陷。同时,要对设备的安装情况进行验证,确保其按照设计图纸和相关标准正确安装,避免因安装不当造成的安全隐患。电气系统检查也是不可忽视的一部分,确保电气连接无误、接地良好,并符合相关电气安全规范。

在进行设备检查的同时,必须进行详细的安全评估。这一评估不仅仅是形式上的检查,更是对潜在风险的全面识别与分析。企业应通过对操作流程、物料特性和设备功能的深入了解,识别可能的安全隐患,并制定相应的防范措施;在安全评估过程中,应确认所有的安全措施已经落实到位,包括安全保护装置的功能测试、应急停机系统的检查以及安全标识的完整性确认等,要确保相关的安全规程和操作手册已更新,并且所有操作人员都接受了必要的培训,掌握应急处理程序。

全面检查的第二步是对环境因素的评估。化工生产常常涉及对环境的潜在影响,因此需要确保试运行期间的环境监测系统正常运作,能够及时反馈环境参数,如温度、压力、气体浓度等。对这些参数的监测有助于在试运行过程中及时发现异常情况,并采取措施防止事故发生。对于化学品的储存和运输,也需进行充分的检查,确保所用化学品的安全性,并遵循相关的存储规范,以防止因泄漏或误操作引发的安全事故。

除了设备和系统的物理检查,试运行前还需准备相应的文档与记录。这包括制订详尽的试运行计划,明确各个环节的责任分工,确保各个团队之间的有效沟通与协调。此外,应准备好试运行期间所需的监测记录表,确保在试运行过程中能实时记录各项参数及其变化。这些文档不仅有助于试运行期间的管理,也为后续的评估和分析提供了基础数据。

在试运行的准备阶段,企业还应组织相关人员进行演练,确保每位操作人员都熟悉试运行的具体流程及各项安全措施,通过模拟不同的运行情况,让员工提前适应可能出现的各种突发状况,提升其应急处理能力。这不仅有助于降低试运行期间的风险,还能增强员工对安全文化的认同感,提升其在实际操作中的警觉性。

在整个准备过程中,沟通与协调至关重要。各个部门之间需要保持良好的信息流通，确保所有参与人员都对试运行的目标、方法和注意事项有清晰的理解。定期召开准备会议，评估进度与存在的问题，可以有效提升团队的协作效率，确保每个环节都得到充分重视。此外，建立应急联络机制，一旦发生突发事件，能够迅速反应，采取必要的应对措施，以保障人员安全与设备完好。

二、操作人员培训

在化工行业中，试运行阶段是设备投入使用前的重要环节，确保操作人员接受充分的培训是这一阶段成功的关键。操作人员的培训不仅关系到设备的安全运行，还直接影响工作环境的安全性和生产效率。在试运行阶段，应为操作人员提供系统而全面的培训，以确保他们熟悉设备的操作流程、应急处置措施，并增强安全意识和应变能力。

操作人员培训的内容应包括设备的基本原理、操作手册和安全规程。这一方面可以帮助操作人员充分理解设备的功能和工作机制，使其能够有效掌握设备的操作要领；另一方面能够让操作人员快速识别正常运行状态与异常状态之间的差异，进而在实际操作中做出准确判断。培训应涉及设备的操作流程，确保操作人员对每一个步骤都有清晰的理解，并能够在实际操作中规范执行。

应急处置措施培训也是操作人员培训的重要组成部分。在试运行阶段，设备的运行环境和条件可能与常规生产不同，潜在的安全风险会随之增加。应急措施培训包括了解报警系统的工作原理、故障诊断的基本方法，以及如何安全地停机、排除故障和进行现场处理。企业通过模拟突发事件的演练，可以提高操作人员的应急反应能力，使其在面临实际危险时能够冷静、迅速地做出反应。

除了技术层面的培训，提升操作人员的安全意识也至关重要。安全意识是指操作人员对安全生产重要性的认识和理解。培训应通过案例分析、经验分享等方式，让操作人员了解安全事故的后果及其对个人、企业乃至社会的影响。通过增强安全意识，操作人员能够在日常操作中自觉遵守安全规程，避免因疏忽大意造成的事故。

培训应鼓励操作人员提出问题和反馈意见，通过建立良好的沟通渠道，使操作人员在培训中分享他们的看法和经验，从而促进集体学习。这种互动不仅能提升培训的有效性，还能增强操作人员的团队协作意识，使其在实际工作中能够相互支持和配合。

培训的方式也应多样化。传统的课堂教学可以与现场实操结合，通过实际操作来巩固理论知识。利用现代技术，企业还可以采用虚拟现实等先进手段进行模拟训练，使操作人员在安全、可控的环境中进行操作演练，进一步增强他们的实际操作能力和应急反应能力。

对操作人员的培训应当是一个持续的过程。在试运行结束后，培训并不止步，企业应定期组织复训和新技术、新设备的培训，以适应行业的发展和技术的进步。持续的学习和培训能够确保操作人员始终保持较高的专业素养和安全意识，为企业的安全生产打下坚实基础。

三、安全监测与反馈

在化工企业的试运行阶段，安全监测与反馈是确保系统稳定和安全运营的关键环节。随着化工生产流程的复杂性不断增加，对安全参数的实时监测显得尤为重要。这不仅涉及对设备状态、操作条件和环境因素的监控，更涵盖了对整个生产过程潜在风险的评估。通过全面而系统的监测，企业能够及时发现问题并采取相应的预防措施，从而有效降低事故发生的可能性。

安全监测的范围包括温度、压力、流量、浓度等关键安全参数。这些参数直接关系到生产安全和产品质量，其变化往往预示着潜在的安全隐患。在试运行期间，操作人员需使用现代化监测设备和系统，对这些参数进行实时跟踪和记录。这种高频率的数据采集能够提供及时的反馈，使企业能够迅速识别偏离正常操作范围的情况，并立即采取措施进行调整。监测数据的准确性和及时性是安全管理的基石，它们为决策提供了科学依据，确保企业能够在动态变化的环境中灵活应对。

监测数据的记录与分析同样重要。在试运行过程中，所有监测数据必须完整、系统地记录在案。这不仅有助于实时判断当前操作的安全性，还为后续的安全评估提供了可靠依据。企业可以通过对历史数据的回顾，分析不同操作条件下的安全表现，识别潜在的风险趋势和事故隐患。这种数据驱动的决策方式，可以帮助管理者在面对复杂和多变的运行环境时，更加自信地进行风险评估和管理。

在数据分析的基础上，企业应建立反馈机制，将监测结果及时传递给相关决策者和操作人员。当监测系统发现异常时，及时的反馈能够迅速启动应急响应措施，避免小问题发展为重大事故。有效的反馈机制不仅能够提升操作人员的安全意识，还能增强整个团队对安全管理的参与感。企业需要明确各级人员的职责，确保在监测过程中发现的任何问题都能迅速传达到适当的管理层，以便进行必要的决策与调整。

安全监测与反馈的有效实施还需借助信息技术的发展。现代信息技术，特别是物联网和大数据分析，极大地提升了监测数据的处理能力和实时性。通过将各类传感器、监测设备与信息系统相连接，企业能够实现数据的自动化采集与分析。这种集成化的安全监测系统，不仅能够提高数据的准确性，还能减少人为操作带来的风险。操作人员可以通过可视化的监控界面，实时掌握生产状态，并在必要时迅速调整操作流程。

在试运行结束后，监测数据的整理与分析将为安全评估提供坚实基础。企业应定期对收集到的监测数据进行系统分析，评估整个试运行期间的安全表现。这种评估不仅要关注数据本身的异常，更要结合生产过程中的具体操作与环境因素，全面分析安全管理的有效性与不足之处。通过对试运行阶段的安全评估，企业能够总结经验教训，为未来的安全管理与生产优化提供指导。

四、交接后的安全管理

项目交接阶段是化工企业安全管理体系中一个至关重要的环节。在这一阶段，确保安全管理文件和记录的完整交接，以及新运营团队对安全管理知识的深入了解尤为重要。项目交接不仅仅是责任的转移，更是安全文化和管理经验的延续。为了实现这一目标，企业必须对交接过程进行精心策划和实施，以确保新团队能够在接手后迅速适应并持续保持项目的安全运营。

在交接过程中，相关的安全管理文件和记录的整理与传递是第一步。这些文件通常包括安全评估报告、风险控制措施、应急预案、操作规程以及事故记录等。这些文档不仅记录了过去的安全管理措施及其效果，也是新团队了解项目现状、潜在风险和历史问题的重要依据。因此，确保这些文件的完整性和准确性是首要任务。新团队在接手工作时，应对所有安全文件进行仔细审核，确认无误后方可进行后续操作。企业应建立健全的交接清单，确保所有关键文件均已交付，从而降低因信息不对称而可能引发的安全隐患。

安全知识的传承同样是项目交接中的一项核心任务。在新运营团队接手工作后，企业必须安排针对性的培训，使其对项目的安全管理要求、操作规程和应急措施有全面的理解。培训内容应包括对化工安全法规的解读、企业内部安全政策的详细介绍，以及对具体操作中可能遇到的安全风险的识别和应对策略的讲解。通过系统的培训，企业能够建立起安全管理的基本框架，进而提高其在日常运营中的安全意识和风险防范能力。建议在培训后进行考核，以确保新团队成员对所学知识的掌握程度，这也有助于提高他们的责任感和自信心。

除了文件和知识的传递，工作交接后的安全管理还应重视文化的延续。企业的安全文化是影响员工行为和决策的深层次因素，因此，新团队在接手后，应尽快融入企业的安全文化。企业可以通过组织安全文化分享会、团队建设活动等方式，增强新团队对安全文化的认同感，在这些活动中强调安全文化的重要性，鼓励团队成员主动参与安全管理工作，形成人人关注安全的良好氛围。此类文化的渗透不仅能够提升新团队的凝聚力，还能确保安全管理工作的持续性与有效性。

项目交接后，企业还需建立持续的沟通机制，确保新运营团队能够及时获取安全管理的反馈与支持。定期的安全会议、交流平台和问题反馈渠道等，能够为新团队提供一个良好的沟通环境。在这一机制下，新团队可以就安全管理中遇到的困难与挑战，及时寻求指导与帮助。同时，管理层也可以通过这些沟通渠道，了解新团队的安全管理进展，及时发现和解决问题，确保安全管理工作顺利进行。

交接后的安全管理应重视监督与评估机制的建立。企业应在项目交接后，安排专门的安全管理人员对新团队的安全运营进行定期检查与评估，确保其按照既定的安全管理标准开展工作。通过定期的监督，企业可以及时发现新团队在安全管理中存在的问题，给予必要的指导和支持。同时，企业还应鼓励新团队主动进行自我评估与改进，增强其安全管理的主动性和责任感。监督与评估的结合，可以进一步提高安全管理的有效性，确保项目的安全运营不受交接过程的影响。

第三章 危险化学品安全管理

第一节 危险化学品分类与特性

一、分类标准的多样性

危险化学品的管理和控制在现代工业中至关重要,其分类标准的多样性为有效管理提供了基础。危险化学品的分类通常依据其物理、化学特性和毒性等多个维度,以确保人们能够准确识别和评估各种危险物质,从而制定相应的安全措施和管理策略。

(一)物理特性

物理特性包括物质的状态、熔点、沸点、密度、挥发性等。这些特性直接影响危险化学品在环境中的反应。例如,某些物质在常温下为气体,而其他物质则可能在相同条件下保持固态或液态。物理状态的不同会导致处理和储存方式的差异,因此在分类时必须仔细考虑。此外,挥发性物质可能会在空气中形成可燃气体,增加爆炸风险,进而影响其管理策略。

(二)化学特性

化学特性包括物质的反应性、酸碱性、氧化性等。例如,某些化学品在与水接触时可能会释放出有毒气体或产生剧烈反应。通过对化学性质的深入了解,管理者可以制定合理的储存、运输和使用规定,以降低潜在的安全风险。因此,分类过程中必须重视对化学性质的分析，确保在事故发生时企业能够及时有效地应对。

（三）毒性

根据对生物体的危害程度，危险化学品通常分为不同的毒性等级。这一分类标准不仅涉及急性毒性，还包括慢性毒性、致突变性、致癌性等长远影响。通过对毒性的准确评估，企业可以更加科学地制定防护措施，确保员工在工作过程中受到有效保护。毒性分类还为公众安全提供了必要的信息，使人们能够更好地理解和预防接触危险化学品的风险。

（四）用途和来源

除了物理、化学特性和毒性外，危险化学品的分类还可基于用途和来源。不同用途的化学品在管理上可能存在显著差异。例如，工业用化学品与实验室用化学品的安全管理要求各不相同，这需要根据具体的应用场景进行分类。此类分类不仅有助于提高安全管理的针对性，还能提升整体风险控制的有效性。

国际标准在危险化学品分类中也扮演着重要角色。国际标准如全球化学品统一分类和标签制度为危险化学品的分类提供了一套统一的框架。这种全球统一的分类系统不仅简化了国际贸易中的安全管理流程，还增强了不同国家和地区之间的安全协作。国际标准的应用有助于提高各国在危险化学品管理中的一致性，推动全球范围内的安全生产和环境保护。

二、物理特性分类

物质的物理特性分类是化工安全管理中的重要内容，能够为化学品的安全操作、储存和运输提供必要的依据。根据物质的状态、沸点、熔点和挥发性等特性，可以将物质划分为不同的类别，从而实现更为精准和有效的管理措施。

（一）固体、液体和气体

固体物质通常具有固定的形状和体积，其分子之间的结合力较强，移动性相对较低。液体物质则具有固定的体积，但形状随容器而变化，分子之间的结合力相对较弱，流动性较强。气体物质没有固定的形状和体积，其分子运动活跃，能够自由扩散至整个容器。物质的状态直接影响其安全管理策略。例如，固体物质在储存和处理时通常相对安全，但在粉尘状态下可能引发爆炸；液体物质在转移和储存时需要防止泄漏和挥发；气体物质则需要特别关注泄漏风险和压缩储存安全。

（二）沸点和熔点

熔点是指固体转变为液体的温度，而沸点则是液体转变为气体的温度。两者影响着物质在不同温度条件下的特性。例如，低熔点和低沸点的物质在常温下可能以气体或液体状态存在，而高熔点和高沸点的物质则在常温下可能以固体形式存在。这意味着在操作这些物质时，必须根据其特性采取不同的温控措施，以防止其物相改变而引发事故。

（三）挥发性

挥发性通常与沸点密切相关。挥发性高的物质在常温下容易转化为气体，这使得其在操作和储存过程中可能会释放出有害气体，增加火灾和爆炸的风险。因此，对高挥发性物质的管理尤为重要，通常需要在密闭环境中进行操作，并采取适当的通风措施以降低其浓度。对于低挥发性物质，虽然其气体释放风险较低，但仍需注意在高温或其他促使挥发的条件下可能带来的安全隐患。

（四）密度和相对密度

密度是物质单位体积的质量，它影响着物质的沉降和浮起。在液体混合物中，密度差异可能导致分层，从而影响其均匀性和反应性。在混合和处理液体物质时，需考虑密度对操作的影响，以避免潜在的安全风险。

在进行物理特性分类时，标准化的物质分类系统显得尤为重要。全球化学品统一分类和标签制度等，提供了明确的分类和标签标准，能够帮助企业员工在操作过程中快速识别化学品的特性及其安全风险。这些标准不仅有助于提高安全管理效率，还能够在发生事故时实现快速响应，减轻伤害。

随着科学技术的进步，物理特性分类的方法和工具也在不断发展。通过高精度的测量仪器，人们可以更为准确地确定物质的沸点、熔点和挥发性。这些数据为安全管理措施的制定提供了更为可靠的依据。同时，计算机模拟技术也开始应用于物理特性分析，帮助科学家和工程师在实验室外进行物质特性研究，以减少实际操作中的风险。

在化工行业中，物质的物理特性分类不仅涉及实验室研究和生产过程，还与法律法规、环境保护及社会责任密切相关。通过科学的物理特性分类，企业能够更好地满足监管要求，减少安全隐患，提升操作效率。实现化工安全管理的目标，不仅需要对物质进行精准分类，还需持续更新知识和技术，以应对不断变化的行业需求。

三、化学特性分类

化学特性分类是化学品安全管理的重要组成部分，按照物质的反应性、腐蚀性和氧化性等特征进行分类，有助于企业系统地识别和评估潜在的化学反应风险。此分类方式不仅能够提升企业的安全管理水平，还能为制定防范措施提供科学依据。

（一）物质的活泼性

活泼性高的化学品在特定条件下可能与其他物质发生剧烈反应，导致火灾、爆炸或有毒气体的释放。通过对化学品活泼性的评估，企业可以识别哪些物质在储存、运输和使用过程中可能引发意外，进而采取相应的控制措施。

（二）腐蚀性

腐蚀性指的是物质对金属、皮肤和其他材料的侵蚀能力。腐蚀性化学品在环境中不仅会导致设备损坏，还可能对员工的健康构成严重威胁。化学品的腐蚀性通常与其酸碱性有关，酸性或碱性物质在与其他物质接触时往往会引起化学反应。企业需要评估使用的化学品是否具有腐蚀性，并根据腐蚀性级别制定相应的防护措施，包括使用耐腐蚀材料和个人防护装备，确保员工在接触这些化学品时的安全。

（三）氧化性

氧化性物质能够在反应中释放氧或接受电子，促进其他物质的氧化反应。氧化剂在存储和使用过程中可能引发火灾和爆炸风险，尤其是在与可燃物质接触时。因此，识别化学品的氧化性特征对于企业安全管理至关重要。企业需建立严格的氧化剂储存和使用管理制度，避免将氧化剂与易燃物质混存，并加强员工对氧化剂特性的了解，以降低意外发生的风险。

（四）稳定性

某些化学品在存储和运输过程中可能因温度、压力等因素而发生分解或聚合反应，生成有害或易燃的副产物。通过对化学品稳定性的评估，企业可以制定相应的储存条件，确保化学品在使用寿命内不会因环境变化而变得不安全。

企业应对所有使用的化学品进行系统评估，收集其物理化学性质、活泼性、腐蚀性、氧化性等信息，并根据评估结果将化学品分为不同的风险等级。这一过程有助于企业明确各类化学品的风险特点，进而优先处理高风险物质，确保资源的合理配置。

化学特性分类还应与其他安全管理措施相结合，如安全数据表的管理、危险化学品标识系统等。企业在采购和使用化学品时，必须确保相关的安全数据表已被完整审阅，并依据其中的分类信息采取必要的防范措施。同时，明确的标识系统能够帮助员工快速识别化学品的特性，从而做出相应的安全响应。

四、毒性及生态影响

在现代化工行业中，危险化学品的广泛应用伴随着健康风险和环境影响的显著性，因此，对这些物质的毒性及生态影响进行分类与评估变得尤为重要。通过了解化学品的毒性等级和对生态环境的影响，企业不仅可以全面了解危险化学品对员工健康的潜在威胁，还可以识别其对生态系统的危害，为安全管理和环境保护提供科学依据。

毒性等级的划分主要基于物质对人体的急性和慢性影响。急性毒性通常指在短时间内接触到高浓度化学品后所导致的迅速反应，包括中毒症状、器官损伤甚至致死。慢性毒性则与长期接触相关，可能在数年甚至几十年内逐渐显现出影响，如癌症、神经系统疾病和生殖健康问题等。因此，危险化学品的分类不仅需要评估其急性毒性，还要重视慢性毒性的潜在危害。

危险化学品的生态影响同样不可忽视。生态影响评估通常关注物质对水体、土壤和生物的毒性。这些化学品在环境中的反应决定了它们的生态风险，主要包括生物降解性、积累性和生物毒性。某些化学品可能在环境中长期存在，并通过生物链逐级放大其毒性，进而对生态系统中的物种造成严重威胁。这种情况不仅会导致生态失衡，还可能影响生物多样性。

环境中的化学物质通过多种途径进入生态系统，可能通过土壤浸出、空气传播或水体流动等方式扩散。在这一过程中，化学品的物理化学性质，如溶解度、挥发性和吸附性，会显著影响其在环境中的分布和转移。特别是那些不易降解的化合物，其在环境中的累积将增加对生态系统的潜在危害。因此，企业需要深入了解这些化学品在环境反应，以评估其对生态环境的长期影响。

在毒性与生态影响的评估过程中，企业应建立系统的风险评估框架。这个框架应包括对每种危险化学品的分类、评估其健康风险和生态风险的方法。企业可以通过查阅相关文献和研究，结合具体的应用场景，制定适当的管理策略，以降低其对员工健康和环境的影响，同时实施严格的安全操作规程和环境监测措施，以确保危险化学品的使用和处理符合国家及地方的环保标准。

第二节　危险化学品安全生产与操作规程

一、基本安全原则

在化工生产过程中，安全始终是第一位的，确保员工的健康与安全是企业责任的核心。为了实现这一目标，必须遵循一系列基本安全原则，这些原则为生产活动提供了指导方针，帮助企业在各个环节中有效管理风险，减少事故的发生。

防护措施的实施是化工安全管理的基石。企业在生产过程中可能会面临多种风险，如化学品的泄漏、火灾和爆炸等。因此，企业必须在设计和实施生产工艺时，充分考虑各种潜在的危险，并采取相应的防护措施，如安装安全阀、隔离装置、紧急停机系统等安全设施，以确保在异常情况下能够迅速有效地控制和处理突发事件。企业应定期对这些防护设施进行维护和检查，确保其始终处于良好的工作状态，从而最大限度地降低安全风险。

个人防护装备的使用对于保护员工的安全至关重要。在化工生产中，员工经常接触各种化学品和潜在危险，因此配备合适的个人防护装备是不可或缺的。这些装备包括安全帽、防护眼镜、防护手套、防护服和呼吸器等，能够有效降低员工在工作中的受伤风险。企业需要根据工作环境和具体操作的危险程度，合理选择和配置个人防护装备。同时，企业应确保员工在工作前接受培训，以便正确佩戴和使用这些装备，从而最大限度发挥其保护作用。

在安全监控方面，对操作环境的实时监测和控制是确保安全生产的重要手段。企业应利用现代化的监测技术和设备，对生产环境中的有害气体、温度、压力等参数进行实时监测。一旦发现异常情况，监测系统能够迅速发出警报，提醒操作人员采取相应措施。企业还应建立健全的安全监控制度，定期对监测数据进行分析与评估，及时发现和消除潜在的安全隐患。通过持续的监控和分析，企业可以及时调整生产流程和操作规范，提高整体安全管理水平。

安全培训也是实施基本安全原则的重要组成部分。企业应为员工提供全面的安全培训，使其掌握必要的安全知识和技能。这包括操作规程、紧急处理程序、个人防护装备的使用等内容。通过定期组织培训和演练，员工能够在实际操作中熟悉应对各种突发情况的流程，增强其安全意识和应急处理能力。此外，企业应鼓励员工积极参与安全管理工作，建立反馈机制，让员工对安全管理提出意见和建议，从而形成全员参与的安全文化。

在执行安全措施时，企业还应关注安全管理的系统性和整体性。安全管理不仅仅是对单一环节的控制，更是需要在整个生产链条中进行全面的风险评估和管理。因此，企业应建立安全管理体系，将各个环节的安全管理整合在一起，形成系统性的安全控制策略。在此基础上，企业可以根据实际生产情况，制定相应的安全管理制度和流程，以确保安全措施的有效实施。

企业在安全管理中还应注重法律法规的遵循。各国和地区对化工行业的安全生产有严格的法律法规要求，企业必须及时了解并遵守相关规定，以确保合规经营。同时，企业应建立健全安全责任制度，明确各级管理人员和员工的安全责任，确保每个人都对安全生产负责。通过明确责任，企业可以形成合力，共同推进安全管理工作，降低安全事故的发生率。

企业还应定期评估和改进安全管理措施，以适应不断变化的生产环境和技术条件。安全管理不是一成不变的，而是一个动态的过程。企业应根据生产情况的变化、技术的进步以及安全事故的经验教训，定期对安全管理制度和措施进行评估和修订。通过对其不断改进和完善，企业可以提升安全管理，确保在生产过程中始终遵循基本安全原则，保障员工的健康和安全。

二、操作规范的重要性

操作规范在化工行业中扮演着至关重要的角色，特别是在处理危险化学品时。随着化工产业的快速发展，危险化学品的种类和应用范围不断扩大，由此带来的安全风险也日益严峻。因此，针对不同类型的危险化学品制定具体的操作规程，不仅是法律法规的要求，也是保障员工安全、降低事故风险的必要措施。

操作规范为员工提供了清晰的指引，使他们在处理危险化学品时能够遵循标准化的程序。每一种危险化学品都具有其独特的物理和化学特性，这些特性决定了在其使用和存储过程中需要采取的安全措施。通过明确的操作规程，员工能够了解如何正确识别、存储和处理这些化学品，从而减少因操作不当而引发的事故。这种标准化的流程有助于提高员工的安全意识，使他们在日常工作中自觉遵循安全规范。

操作规范有助于确保企业在应对潜在风险时采取有效的预防措施。危险化学品的处理涉及多个环节，包括运输、储存、使用和废弃等，每一个环节都可能存在安全隐患。通过制定和实施操作规程，企业可以针对不同环节制定相应的安全措施，从而实现风险的系统管理。

操作规范还为企业提供了法律和合规的保障。各国和地区对危险化学品的管理均有严格的法律法规，企业在操作时必须遵循这些法律法规。通过制定具体的操作规程，企业可以确保其业务活动符合相关法律法规的要求，避免因不合规而导致的法律责任和经济损失。操作规范的建立与实施，使企业在日常操作中能够更加透明和规范，提升企业的整体形象和社会责任感。

在危险化学品的处理过程中，事故的发生往往是由于操作不当或缺乏必要的安全措施。操作规范的制定不仅要关注当前的操作安全，更要注重事故的预防和应急响应能力。当事故发生时，明确的操作规程能够指导员工迅速做出反应，降低事故带来的危害。这种预案的准备和实施对于保障员工生命安全和保护企业资产至关重要。企业在制定操作规程时，应充分考虑潜在的事故风险，制定科学合理的应急响应措施，以确保在危急情况下能够迅速有效地进行处理。

操作规范的有效实施需要全员的参与和配合。企业在制定操作规程时，应充分征求员工的意见，确保规程的可行性和有效性。员工是企业安全管理的第一道防线，他们对操作规范的理解和遵循直接影响安全管理的成效。企业可以通过定期的培训和演练，提高员工对操作规程的认识和技能，从而确保规程在实际操作中的有效实施。通过这种方式，员工不仅能够掌握操作规范，还能增强自身的安全意识和责任感，形成人人关注安全的良好氛围。

三、培训与教育

在化工行业，危险化学品的操作与管理是确保安全生产的关键环节。因此，对员工进行定期的培训与教育是非常必要的。这种培训不仅仅是为了传授基本的操作技能，更重要的是要增强员工的安全意识和应急能力，从而确保他们在实际操作中能够及时识别和应对潜在危险。

培训与教育为员工提供了系统化的知识体系，使其对危险化学品的性质、特性及相关操作规程有清晰的认识。通过对危险化学品的分类、危险性评估以及操作注意事项的学习，员工能够在日常工作中更好地理解和掌握如何安全处理这些物质。这种知识的积累不仅能够提高员工的专业能力，也为其在面对危险情况时的应对奠定了基础。

培训与教育的过程还包括对员工安全意识的培养。在化工生产中，安全意识是预防事故发生的第一道防线。通过培训，员工能够更加深刻地认识到安全生产的重要性，理解个人在安全管理中所承担的责任。安全意识的提升能够促使员工在日常工作中自觉遵守安全规程，形成良好的安全文化氛围。

针对危险化学品的操作，培训内容应当涵盖应急处理知识。尽管安全管理措施能够降低事故发生的概率，但无法完全消除风险。因此，员工必须具备一定的应急处理能力，以应对突发的意外事件。培训应强调应急预案的制定与执行，使员工能够清楚地知道在危急情况下的具体应对步骤，从而减少事故带来的损失。应急演练是培训的重要组成部分，通过模拟真实场景，员工能够在实践中强化对应急知识的理解和运用，提高其处理突发事件的能力。

培训与教育的效果需要通过持续的评估和反馈来进行检验。在培训结束后，应组织考核，了解员工对培训内容的掌握情况，以便及时发现并弥补知识上的不足。评估不仅包括考试，还应包括对员工在实际工作中的表现进行观察和反馈，确保培训的实际效果能够转化为工作中的自觉行动。通过不断的评估与改进，企业可以优化培训方案，使其更符合实际需求，进一步提升员工的安全意识和操作技能。

在培训与教育的过程中，采用多样化的教学方式可以提高学习效果。除了传统的课堂讲授，企业还应鼓励使用多媒体教学、现场实操、角色扮演等多种形式，增强培训的趣味性和互动性。通过不同的教学方式，员工不仅能够加深对知识的理解，还能激发学习的积极性，更愿意参与到培训中来。

培训与教育的内容需要与时俱进。化工行业的安全管理技术和标准不断发展，企业应定期更新培训材料，确保员工获取最新的行业信息和安全知识。同时，培训也应根据员工的岗位特点进行针对性设计，使每位员工都能在培训中获得与其工作相关的知识，从而提高培训的实际应用价值。

四、事故报告与反馈机制

事故报告与反馈机制是企业安全管理体系中至关重要的组成部分，旨在通过有效的信息传递和处理流程，提升企业整体安全管理水平，减少事故发生率。这一机制不仅涉及事故的记录与报告，更重要的是它能营造全员参与的文化氛围，使员工在发现安全隐患和操作失误时能够及时反馈,从而实现安全管理的持续改进与优化。

事故报告机制应明确规定事故和隐患的报告流程。这一流程应包括从发现安全隐患到报告的各个环节,确保信息能够迅速、准确地传递给相关管理人员。在此过程中,企业需要制定详细的报告模板和标准,明确报告内容的要求,如事故发生的时间、地点、涉及人员、事件经过及初步判断等信息。这种标准化的报告方式可以有效减少信息传递过程中的遗漏和错误,提高后续分析和处理的效率。

企业需要通过培训和宣传,提高员工对事故报告重要性的认识。安全管理不仅是管理层的责任,更是全体员工共同参与的过程。通过开展安全意识培训,员工可以了解到及时报告安全隐患的必要性,以及这些隐患如果不被及时处理可能导致的严重后果。企业应鼓励员工在工作中保持警惕,积极主动地发现和报告问题,这样才能形成一种关注安全的氛围。

在事故反馈机制方面,企业应建立有效的反馈渠道,以便员工在报告后能够得到及时的回应。反馈机制的建立不仅可以使员工感受到自己的意见和建议被重视,也能够促进他们在日后的工作中继续关注安全问题。企业可以通过定期召开安全会议、发布安全通报等方式,向员工传达事故处理的进展情况和改进措施,使员工了解安全管理的动态变化,增强其参与感和责任感。

为了提高员工的报告积极性,企业还应设计相应的激励措施,通过设立安全奖励制度,对积极报告隐患和提出建议的员工给予表彰和奖励,以有效鼓励员工在日常工作中更加关注安全。同时,企业还可以设立匿名报告机制,让员工在没有压力的情况下,畅所欲言地表达对安全隐患的看法。这种匿名机制能够帮助员工消除因上报隐患可能带来的负面影响,从而提升他们的报告积极性。

在事故发生后,企业应组织专门的事故调查小组,对事故原因进行深入分析。调查小组需要对事故进行全面评估,明确导致事故的直接原因和间接因素,并提出相应的改进建议。这一过程不仅是为了明确责任,更重要的是从中吸取教训,防止类似事件再次发生。调查结果应形成正式报告,及时反馈给全体员工，使他们了解事故的原因及处理结果，从而进一步促进安全管理的改进。

企业在建立事故报告与反馈机制的同时，还需要通过定期审查和评估来优化这一机制的有效性。企业应定期检查事故报告的数量和质量，评估员工的报告积极性，分析反馈机制的实施效果。这种评估不仅能够帮助企业发现潜在问题，还能为改进措施的制定提供数据支持。通过不断地反馈和调整，企业可以确保事故报告与反馈机制始终保持有效运转，真正成为安全管理的有力工具。

第三节 危险化学品存储、运输与废弃管理

一、存储安全要求

危险化学品的存储安全是化工企业安全管理的重要组成部分，涉及仓库设计、储存条件和防泄漏措施等多个方面。有效的存储安全措施不仅可以减少事故发生的风险，还能够保障员工的安全和环境的完整性。因此，深入分析危险化学品在存储过程中的安全要求显得尤为重要。

仓库的设计是存储安全的基础。仓库应根据存储的危险化学品种类和数量进行合理布局，确保各类化学品之间的相互隔离，避免发生反应或交叉污染。在设计阶段，应充分考虑仓库的通风条件，以确保有害气体能够及时排出，减少对工作人员的危害。仓库的结构材料应具备耐腐蚀性和防火性，能够抵御化学品的侵蚀和火灾风险。通道和操作空间的设计也应符合安全要求，确保工作人员在进行装卸和检查时拥有足够的活动空间，避免因空间狭窄导致的事故。

储存条件的控制对危险化学品的安全存储至关重要。温度和湿度是影响化学品稳定性的重要因素，因此仓库应配备相应的温湿度监测设备，以确保储存环境符合规定的标准。过高或过低的温度都可能引发化学反应，导致潜在的危险。同时，仓库的湿度控制也不容忽视，过高的湿度可能导致某些化学品的聚集或变质，从而增加安全风险。因此，在选择储存地点时，应优先考虑自然条件较为适宜的

区域，并结合实际情况进行相应的改造和设施配置，以确保温湿度的稳定。

防泄漏措施是危险化学品存储安全中的重要环节。化学品泄漏可能导致严重的环境污染和人员伤害，因此在仓库内应采取多重防护措施。首先，仓库地面应设置防渗漏装置，如泄漏收集池或防渗漏垫，以便在发生泄漏时能够及时收集和处理泄漏物质。其次，化学品的包装和容器应符合相关标准，确保其具有足够的强度和密封性能，防止在储存和运输过程中出现泄漏。同时，在仓库内应配备适当的泄漏应急处理设备，如吸附剂、应急喷淋装置等，以便于快速处理意外泄漏，降低其对环境和人员的影响。

人员培训与管理也是存储安全要求的重要一环。仓库管理人员和操作人员必须经过专业培训，熟悉化学品的特性及其安全存储要求。定期的安全演练和培训能够增强员工的安全意识，提高他们在处理紧急情况时的应变能力。同时，仓库应配备专职的安全管理人员，负责对存储过程中的安全状况进行监测和评估，确保各项安全措施的落实。

二、运输安全管理

运输危险化学品是化工行业中至关重要的一环，因其涉及的风险和潜在危害不仅影响运输过程中的人员安全，也可能对环境造成严重影响。因此，实施有效的运输安全管理策略是确保危险化学品安全运输的基础。这一管理过程要求在多个层面上进行全面考虑，以确保每一个环节都能有效控制风险。

选择合适的运输工具是运输安全管理的首要步骤。不同类型的危险化学品具有不同的物理和化学特性，因此需要根据具体情况选择适当的运输方式。例如，对于液体化学品，可以选择密封性好的槽车或专用容器，而对固体化学品则可使用适合其性质的集装箱。运输工具的选择不仅要考虑其承载能力和安全性，还需符合相关法规和标准，以确保运输过程中能够最大限度地降低风险。此外，运输工具的维护和定期检查也非常重要，以避免因设备故障导致的事故。

在运输过程中，制定详细的运输计划也是确保安全的一个关键环节。运输计划应包括运输路线的选择、停靠点的安排、装卸作业的要求以及运输时间的估算等。合理的路线选择可以避免危险区域、交通拥堵和不良天气对运输的影响，从而降低事故发生的风险。同时，计划中还应考虑到相关法律法规的要求，确保运输活动的合法合规性。科学合理的运输计划，可以有效地提高运输过程的安全性和效率。

在运输过程中，安全信息的传递也尤为重要。运输企业应确保所有参与运输的人员，包括驾驶员和装卸工人，均了解运输物品的性质和相关的安全操作规程。对员工进行定期的培训，使其具备必要的安全知识和应急处理能力，可以大大降低因人员因素导致的事故风险。此外，企业应加强与监管部门和应急服务机构的沟通，确保在发生意外时能够迅速反应和处理。

应急预案的准备是运输安全管理中不可或缺的一部分。尽管通过合理的运输工具选择和详细的运输计划可以降低风险，但在运输过程中仍可能发生不可预见的情况，因此建立完善的应急预案也很重要。应急预案应根据具体的运输物品和路线，综合考虑可能的事故类型及其后果，制定相应的响应措施和处理流程。预案中应明确责任人、联系方式和资源配置，确保在发生事故时能够快速反应，减少损失。

企业在制定应急预案时，还应考虑预案的演练和修订。定期进行应急演练可以帮助员工熟悉预案的内容，提高其应急反应能力。演练过程中应及时总结经验教训，发现预案中的不足并进行调整，从而不断优化应急管理机制。

三、废弃物处理规范

在化工行业中，废弃物的管理与处理是确保环境保护和资源可持续利用的重要环节。随着社会对环境问题的重视，国家和地方政府相继出台了一系列法规和标准，以规范危险废物的管理与处置。这些法规的核心目的是确保危险废物的处理符合环保要求，从源头减少对环境的负面影响。

危险废物的识别与分类是废弃物管理的首要步骤。根据国家相关法律法规，危险废物的定义包括具有毒性、腐蚀性、反应性或易燃性等特征的废弃物。企业在产生废弃物时，必须对其进行分类和识别，确定其是否属于危险废物，并依照相关标准进行标记和记录。这一过程不仅有助于后续的安全处理，也为企业的废弃物管理奠定了基础。

危险废物的收集与储存也需遵循严格的规范。企业在收集危险废物时，应使用符合标准的专用容器，并标明废物的种类和处理要求。在储存方面，企业必须设置专门的储存区域，避免危险废物与其他废物混合，防止发生化学反应或泄漏。储存设施应具备防渗漏、防泄漏和防污染的能力，确保在储存过程中不会对环境造成影响。定期检查和维护储存设施的完好性是企业应尽的责任。

危险废物的运输同样是管理过程中的关键环节。根据国家规定，危险废物的运输必须由具备资质的专业运输公司进行。在运输过程中，企业需要提供完整的运输文件，包括废物的性质、数量、收发货单位的相关信息以及处理方案等，以确保运输过程中的透明性和可追溯性。在运输过程中，应采取必要的防护措施，确保废物不会因意外事件而对环境和公众安全造成影响。

危险废物的处理方式多样，包括焚烧、填埋、物理化学处理等。根据国家的环保标准，企业必须选择符合环保要求的处理方式，确保处理过程不会产生二次污染。在选择处理技术时，企业需要综合考虑废物的特性、处理能力、环境影响及经济效益等因素。焚烧处理是一种常见的方法，能够有效减少废物体积和有害成分，但必须配置高效的废气处理设施，以防止有害气体的排放。填埋处理则要求选择适宜的填埋场，并进行严格的环境监测，确保填埋过程不对地下水和土壤造成污染。

在废弃物处理的过程中，企业还需关注废弃物的再利用和资源化。通过物质的再循环和资源的回收，企业可以有效减少废弃物的产生，并实现资源的再利用。这不仅有助于降低处理成本，还能减少对新资源的需求，推动可持续发展。为此，企业应建立废弃物再利用的技术标准和评估体系，鼓励员工在日常工作中积极探索创新方案。

企业应加强对危险废物管理的培训和宣传，提升全员的环保意识。只有通过不断的教育和培训，员工才能更深入地理解废弃物管理的重要性，从而在日常工作中积极参与废弃物的分类、收集和处理。这种文化的建立不仅能促进企业的环保合规性，也能增强员工的责任感和归属感。

废弃物管理工作必须遵循持续改进的原则。企业应定期评估废弃物管理的现状与成效，分析存在的问题，并制订改进计划。通过内审和外部评估，企业能够及时发现管理中的不足,从而不断完善废弃物处理的规范和流程。在这一过程中,企业应保持与监管机构的沟通,确保在法律法规的框架内进行有效的废弃物管理。

第四节　危险化学品事故应急措施

一、应急预案的制定

在化工行业中,事故的潜在风险常常是不可忽视的,因此,制定一套有效的应急预案至关重要。这一预案不仅是应对突发事件的指导性文件,更是保障员工生命安全和企业财产安全的重要措施。应急预案的制定需要综合考虑各种可能发生的事故类型,制定具体的响应策略,并确保各项措施在实际操作中能够落到实处。

应急预案的制定必须基于全面的风险评估。这一评估应涵盖所有可能的事故情境,包括火灾、爆炸、泄漏等。对事故发生的概率和后果进行详细分析,可以帮助企业识别出最可能导致严重后果的情境,从而优先关注这些风险。此外,评估还应考虑环境影响、人员伤亡以及财产损失等多方面的因素,确保预案的科学性与合理性。

在明确了可能的事故情境后,接下来的步骤是制定具体的应急响应流程。这一流程应涵盖从事故发生到最终解决的整个过程,包括初期报警、现场评估、资源调配、应急响应和后续恢复等环节。每个环节都需要详细的操作指引,确保在危急时刻能够迅速而有效地执行。特别是在现场评估阶段,明确的指引能够帮助应急人员快速判断事故的性质和严重程度,从而采取适当的响应措施。

为了确保应急预案的顺利实施,企业应注重责任分工。企业必须在预案中明确各个岗位的职责与分工,确保每一位员工都清楚自己在应急情况下的角色。责任分工应遵循"自上而下"的原则,既包括高层管理人员的决策和指挥,也包括基层员工的具体执行。高层管理人员需在事故发生后立即启动应急预案,组织相关部门和人员,进行资源的调配和信息的传递。基层员工则需在预案中明晰自己的具体任务，如人员疏散、设备关停、事故现场隔离等。通过明确责任，企业能够有效减少在事故应对过程中可能出现的混乱与不协调。

除了责任分工外，预案的有效性还依赖于与外部机构的协调与沟通。在制定应急预案时，企业应当考虑到与当地政府、消防部门、医疗机构及其他相关单位的协作机制，通过建立良好的沟通渠道，确保在事故发生时，外部支持能够及时到位。这种跨部门的协作不仅有助于提高事故处理效率，也能在事故后续恢复中发挥重要作用。

应急预案的制定不是一个静态的过程，它需要定期进行演练与更新。通过定期的应急演练，企业能够检验预案的实用性，发现其中可能存在的不足之处，并进行针对性修订。演练的过程不仅能够提升员工的应急处理能力，还能增强团队的凝聚力，培养员工的危机意识。此外，企业在演练过程中应重视反馈机制，收集参与者的意见与建议，以便不断完善预案内容。

在应急预案的实施过程中，培训与宣传也非常重要。企业应当定期对员工进行安全培训，使其熟悉应急预案的具体内容和操作流程，通过培训提高员工对预案的认知和理解，增强其在危急情况下的应对能力。此外，企业还应利用多种方式进行安全文化宣传，增强全员的安全意识和责任感，营造一个重视安全的企业氛围。

二、应急演练

应急演练是化工企业安全管理中不可或缺的一部分，其重要性体现在多个方面。定期开展应急演练有助于提高员工的应急反应能力，使其在面对突发事件时能够迅速而有效地采取行动。演练提供了一个模拟的环境，让员工在无压力的情况下熟悉应急预案和操作流程，增强他们的信心和执行力。这不仅有助于提升个人在危机中的表现，也能有效提高团队的协同作战能力。

应急演练可以帮助企业检验和完善应急预案的有效性。通过演练，企业能够发现和识别预案中的不足之处，及时调整和改进相关程序和措施。在实际演练中，员工在执行应急措施时，可能会遇到各种突发情况和意外障碍，这为企业提供了宝贵的反馈和改进机会。不断优化的应急预案不仅提高了员工的应对能力，也增强了企业整体安全管理水平。

演练的过程促进了跨部门之间的沟通与协作。应急事件往往涉及多个部门的配合与协调，演练为不同部门提供了相互了解和交流的机会。通过共同参与演练，员工能够明确各自的职责和任务，增强对团队合作的认同感和责任感。这种跨部门的协作精神在实际应急情况下尤为重要，因为良好的沟通和协调能够显著缩短应急响应时间，提升处理突发事件的效率。

应急演练还要提高员工的安全意识和责任感。在演练过程中，员工不仅要学习和掌握操作技能，还要理解应急响应的意义和重要性。通过对演练的参与，员工会更加意识到自身在安全管理体系中的角色和责任，从而在日常工作中自觉遵守安全规程和操作规范。这种安全意识的提升，不仅有助于个人在工作中确保安全行为，也能在企业整体层面形成一种重视安全的文化氛围。

定期的应急演练为企业营造了一种安全文化的氛围，使安全成为每位员工的自觉行动。通过演练，企业向员工传达了安全是重中之重的信念，强调了安全不仅仅是管理层的责任，更是全体员工共同的使命。员工会在演练中意识到自身对安全的贡献，从而更加积极地参与安全管理，为企业创造一个更加安全的工作环境。

应急演练同样具备法律和合规的必要性。在许多行业中，尤其是化工行业，相关法律法规要求企业定期开展应急演练，以确保其具备足够的应急处置能力。通过演练，企业不仅能够符合法律法规的要求，还能减少因应急准备不足而导致的法律风险。这不仅保护了企业自身的利益，也为员工和社会提供了更为安全的保障。

三、事故调查与分析

事故调查与分析是企业安全管理体系中不可或缺的一部分，具有重要的指导意义。事故发生后，迅速、有效的调查不仅有助于企业找出事故原因，还能为未来的安全管理提供宝贵的经验。一个系统化的事故调查流程能够帮助企业在关键要素上进行深入分析，确保从每次事故中吸取教训，以强化应急管理能力。

事故调查的首要任务是确定事故发生的原因。这通常需要在事故现场进行详细勘查，收集相关证据，如目击者证言、监控录像、设备故障记录等。调查人员需根据事实进行客观分析，避免主观臆断。深入了解事故发生的背景、环境和具体情境，有助于全面揭示导致事故的各种因素。这些因素可能包括操作失误、设备故障、环境变化、管理缺失等。对复杂事故的调查，往往需要多学科的专家共同参与，以形成综合的调查结论。

事故调查应关注事故的链条效应。许多事故的发生往往不是单一因素导致的，而是多个因素相互作用的结果。在调查过程中，人们必须分析这些因素之间的关系，找出潜在的安全隐患和管理漏洞，通过建立事故因果关系图，更清晰地识别出引发事故的关键环节，从而为改进管理提供依据。

在确认事故原因之后，调查团队需要提出针对性的改进措施。这些措施应涵盖技术、管理、人员培训等多个方面。技术改进可能涉及设备更新、工艺优化、材料选择等，而管理层面的改进则包括完善规章制度、加强现场管理、提升信息沟通效率等。同时，企业还需加强对员工的培训，提升其应对突发事件的能力和安全意识。这一过程应以系统思维为基础，确保各项措施之间的协调与配合，形成一个闭环的安全管理体系。

总结与反馈也是事故调查的一个关键要素。调查报告的编写是事故处理的重要环节，报告应详细记录事故经过、原因分析、损失评估和改进建议。通过透明的报告流程，企业能够提高事故处理的公信力，同时为全员学习和改进提供参考。企业应定期组织事故分析会议，分享事故教训与改进经验，让每位员工都参与安全管理的讨论。这种开放的文化能够促进安全意识的提升，增强员工对安全管理的认同感。

在实际操作中，事故调查与分析不仅仅是事故发生后的反应，更应成为企业安全管理的常态化流程。企业应建立健全事故报告和调查机制，鼓励员工主动报告安全隐患，形成对安全问题高度敏感的氛围。企业还需加强对外部事故的学习与借鉴，及时吸收行业内的安全管理新思路与新技术，从而不断优化自身的安全管理措施。

第四章 工艺安全管理与风险评估

第一节 工艺安全管理的基本概念

一、定义与重要性

工艺安全管理是指在化工生产过程中,为确保员工安全和环境保护而进行的系统性管理活动。它的核心是通过对工艺流程的全面分析和控制,预防和减少事故的发生。随着化工行业的快速发展,工艺安全管理的重要性日益凸显,其成为企业安全管理体系中不可或缺的一部分。化工生产涉及大量危险化学品和复杂的工艺流程,任何环节的疏忽都可能导致严重的安全事故,甚至对周围环境造成不可逆转的影响。因此,工艺安全管理不仅关乎企业的经济效益,也关系到员工的生命安全和社会的整体稳定。

工艺安全管理的定义强调了其系统性和综合性。它不是对单一环节的控制,而是涵盖了从原材料采购到产品交付的整个生产过程。这一管理过程需要各个部门的协同配合,包括研发、生产、设备维护和质量管理等。通过跨部门的协作,工艺安全管理能够实现对各个环节的全面监控和优化,确保在任何情况下都能有效应对潜在的安全风险。

工艺安全管理的重要性体现在多个方面。它直接关系到员工的安全和健康。化工行业的特殊性决定了员工在日常工作中面临的安全风险较高。通过建立完善的工艺安全管理体系,企业能够为员工创造一个更安全的工作环境,降低事故发生的概率,从而保护员工的生命安全和身体健康。此外,安全的工作环境还能够提升员工的工作效率，增强其对企业的归属感。

工艺安全管理对企业的经济效益至关重要。事故的发生不仅会导致直接的经济损失，如设备损坏、停产和人员伤亡，还可能引发法律诉讼、声誉损害等间接损失。通过实施有效的工艺安全管理，企业能够降低事故发生的风险，减少经济损失，提高生产效率。安全与效益并不矛盾，反而是相辅相成的，良好的安全管理能够为企业创造更大的经济效益。

工艺安全管理在环境保护方面也发挥着重要作用。在化工生产过程中，许多化学物质对环境具有潜在的危害。通过严格的工艺安全管理，企业能够有效控制有害物质的排放，减少对环境的影响，履行社会责任，促进可持续发展。如今，社会各界对环境保护的关注日益增加，企业只有在安全与环保上都做到位，才能赢得社会的认可和支持。

工艺安全管理的还要遵循法律法规。各国对化工行业的安全管理都有明确的法律法规要求，企业在开展生产活动时必须遵循这些规定。工艺安全管理不仅是企业合法合规经营的基础，也是维护社会稳定的重要举措。通过建立健全的工艺安全管理体系，企业能够确保自身的生产活动符合国家法律法规的要求，降低法律风险，维护企业的良好形象。

二、基本原则

工艺安全管理的基本原则是"预防为主、综合治理"。这一原则强调了在化工生产的各个阶段，特别是在设计阶段，企业必须充分考虑安全因素，将安全理念融入初始设计和规划，这样能够有效减少潜在风险的发生，从根本上提升安全管理的有效性。在这一原则指导下，安全管理不是事后追责和修复的问题，而是要通过系统的思维和前瞻性的措施，确保安全贯穿整个生产过程。

"预防为主"的原则意味着在制定工艺流程和选择设备时，企业必须充分评估各种潜在的安全隐患。这种评估不仅包括对化学品本身的特性、反应性及其对环境和人类健康的影响的了解，还要考虑操作过程中的各种因素，如温度、压力、流量等。设计阶段的安全考虑应该系统全面，从根本上消除或减轻危险源的存在，确保安全条件得到充分满足。

在这一背景下，安全设计的目标是将安全风险降到最低。企业通过在工艺流程中设计冗余和防护措施，如安全阀、压力传感器和自动控制系统，能够为意外事件提供有效的应对方案。与此同时，设计阶段的安全考虑也包括制定详细的操作规程和应急预案，以确保在突发情况下能够快速反应，减少事故损失。企业在设计阶段就建立起科学合理的安全框架，能够为后续的生产运营打下坚实基础。

工艺安全管理中的"综合治理"原则强调了在安全管理中多方协调和综合实施的重要性。工艺安全不仅是生产部门的责任，更需要企业各个部门的协同合作。各部门应建立跨部门的安全管理体系，确保信息沟通畅通无阻。通过综合治理，企业能够更有效地识别和控制安全隐患，实现安全管理的系统化。

综合治理还包括对外部环境的关注，涉及法律法规的遵守、行业标准的执行以及社会责任的履行。企业在追求经济效益的同时，必须将安全管理与环境保护、社会责任结合起来，形成合力，推动企业的可持续发展。企业只有通过全面的综合治理体系，才能实现安全、健康和环境保护的良性循环，保证企业长期稳定运行。

持续监测和评估是工艺安全管理中不可或缺的组成部分。在生产过程中，安全状态的维护需要通过实时监控和定期评估来实现。通过安装各种监测设备，实时获取生产过程中的关键数据，企业能够及时发现异常情况并采取相应措施。这种主动的安全管理方式能够有效降低事故发生的概率。

监测和评估并不局限于设备和过程本身，还包括对员工安全意识和操作行为的评估。定期开展安全培训和演练，提升员工的安全意识和应急反应能力，是维护安全状态的重要手段。通过评估和反馈，企业能够不断优化安全管理措施，确保安全管理体系的有效性和适应性。

在工艺安全管理中，建立反馈机制也十分关键。通过对安全管理措施的评估与反馈，企业能够及时发现管理中的不足之处，进行必要的调整和改进。这种反馈机制不仅体现在技术层面，还应包括对员工安全文化和安全行为的评估。通过不断优化安全管理措施，提升员工的安全意识和参与感，企业能够形成良好的安全文化氛围，从而实现安全管理的长效机制。

三、管理体系

有效的工艺安全管理体系是确保化工行业安全运营的关键，涵盖了从风险识别到事故响应的多个环节。首先，风险识别是体系的起点，涉及对潜在危险和有害因素的全面分析。通过对生产过程、设备、原材料及操作条件的深入了解，企业能够识别出可能导致事故的各类风险。这一过程不仅需要技术人员的专业知识，还需结合现场操作人员的经验，以确保对潜在风险的全面把握。对风险的早期识别可以为后续的评估和控制措施的制定奠定基础。

在风险识别之后，风险评估是管理体系中的第二个重要环节。风险评估的目标是对已识别的风险进行定量或定性的分析，以确定其可能性及后果的严重性。这一过程通常需要使用标准化的评估方法，如定量风险评估或半定量风险评估，以便为决策提供科学依据。通过评估，企业能够优先识别出高风险区域，进而集中资源和精力于最需要关注的方面。这种优先级的设定对于合理配置企业资源、优化安全管理措施具有重要意义。

风险评估完成后，企业需要制定相应的控制措施。这些控制措施可以分为工程控制、管理控制和个人防护等多种形式。工程控制包括对生产设施的改造、引入先进的安全设备以及优化生产工艺等，旨在从源头上降低风险。管理控制则涉及完善的操作规程、定期的安全培训和安全检查等，确保员工在工作中遵循安全要求。个人防护则强调在无法消除风险时，为员工提供必要的防护装备，确保其人身安全。这些措施的制定需要综合考虑技术可行性、经济性和对安全水平的提升效果，以实现最佳的风险控制效果。

控制措施的实施是工艺安全管理体系中的重要环节。即使是最好的计划和措施，如果没有有效的执行，最终也难以实现预期的安全目标。因此，企业必须建立完善的执行机制，确保所有人员都能够理解并遵循相关的安全措施。执行过程中的监督和反馈机制同样不可忽视，通过定期的安全审计和检查，企业能够及时发现问题并进行纠正。此外，建立激励机制，鼓励员工积极参与安全管理，有助于提高安全措施的执行力。

在整个工艺安全管理体系中，事故响应与应急预案的制定是最终保障企业安全的重要环节。无论多么严密的风险控制措施，都无法保证事故的绝对杜绝。因此，企业必须制订详尽的应急响应计划，以应对可能发生的各类事故。这些应急预案应明确各类事故的处理流程、责任分工、信息传递渠道及外部救援联络等，确保在发生事故时企业能够迅速有效地采取行动。同时，要定期开展应急演练，使员工熟悉应急流程，提升其在危急情况下的反应能力，从而最大限度地减少事故造成的损失。

管理体系的有效性还在于其动态调整能力。随着技术进步、法规变更和市场环境的变化，企业面临的风险也会不断演变。因此，工艺安全管理体系应具备灵活性，能够根据新出现的风险和管理需求进行调整和改进。这种持续改进的过程不仅需要企业内部的反馈，也应包括外部的行业标准，以确保体系的有效性与前瞻性。

第二节　风险评估方法

一、HAZOP

HAZOP是一种在化工及相关行业中广泛应用的风险评估方法，其核心目的是通过系统化的分析手段识别潜在的危害和风险，从而为工艺改进和安全管理提供科学依据。该方法的基础在于对工艺参数的偏离进行深入讨论，借助团队的集体智慧，识别出那些可能被忽视的风险因素。

HAZOP通常在项目的早期阶段，尤其是在设计和开发阶段进行。这一过程由多学科的专业团队完成，团队成员包括工程师、操作人员、安全专家及其他相关人员。通过这种跨学科的协作，HAZOP能够从多个角度审视工艺流程，确保所有潜在风险都能被考虑到。在分析过程中，团队将工艺分解为一系列的节点，并针对每个节点的关键参数进行详细讨论。这些参数包括流量、温度、压力、浓度等。通过运用"偏离"的概念，团队可以探讨在正常操作条件下，各参数可能出现的异常情况以及由此引发的后果。

HAZOP分析强调系统性和结构化，通常会使用一套标准化的指南和术语。

这种结构化的方法确保了分析的全面性和一致性。在讨论每个工艺节点时，团队将使用一系列的"指导词"，如"增加""减少""反转"等，来引导对参数偏离的思考。这些指导词帮助团队明确思考的方向，从而系统地识别可能的风险。这种方式不仅有助于发现直接的危害，也能揭示因果关系和潜在的连锁反应。

HAZOP不仅关注工艺本身的设计和操作条件，还特别考虑人的因素。操作人员的行为、决策过程和操作习惯都可能对工艺的安全性产生深远影响。在HAZOP讨论中，团队会探讨不同情况下操作人员可能采取的行动以及这些行动可能导致的后果。这种人因分析的加入，使得HAZOP更加全面，能够涵盖更广泛的风险来源。

通过HAZOP，企业能够识别并评估多种潜在的危险源。这些危险源可能包括设备故障、材料失效、操作错误、环境因素等。在识别出这些风险后，团队会针对每个识别出的危害制定相应的控制措施和改进建议。这些建议可能涉及工艺设计的修改、操作规程的完善、设备的升级或培训的强化。通过这样的分析与改进，企业能够在实际运行中有效降低事故的发生概率，提高整体的安全水平。

HAZOP具有良好的适应性，可以灵活应用于不同类型的工艺和项目。无论是对新建项目还是对现有系统的评估，HAZOP都能提供有效的风险识别和管理手段。在新项目的开发中，HAZOP可帮助设计团队在初期识别潜在的设计缺陷和安全隐患，避免在后期投入大量资源进行改正。在现有系统的分析中，HAZOP能揭示长期运行中积累的问题，为持续改进提供数据支持。

HAZOP不是一个单一的过程，而是应当融入企业的整体安全管理体系中。通过定期的HAZOP评审，企业能够不断更新和改进其安全管理策略，确保在面对不断变化的操作环境和技术进步时，依然能够保持高水平的安全性。因此，HAZOP不仅仅是一种风险评估工具，更是提升企业安全文化的重要组成部分。

在实施HAZOP时，企业应确保充分的文档记录和后续跟踪。这些文档不仅包括HAZOP会议的记录，还应涵盖识别的风险、建议的控制措施以及后续的实施情况。通过建立一个系统化的反馈机制，企业可以在后续操作中评估这些控制措施的有效性，并及时进行调整和优化。

二、LEC

LEC（作业条件危险性评价）是一种系统化的分析工具，旨在通过对事故损失的分类与评估，帮助企业更有效地识别风险并制定相应的防范措施。其核心思想是通过对不同类型事故的研究，揭示损失发生的规律，从而在未来的运营中采取更为有效的安全管理策略。

LEC分析的第一步是对损失事件进行分类。这一过程通常涉及将事故根据其性质、后果和发生的环境等因素进行系统的归纳。通过对事故类型的明确分类，企业能够在一定程度上识别出高风险领域与潜在威胁。这种分类不仅有助于明确不同类型损失的特征，还能为后续的风险评估提供数据支持。分类的精细程度直接影响到分析的准确性和有效性，因此，企业在进行LEC分析时，应根据自身实际情况，设计适合的分类标准。

一旦完成分类，LEC分析的下一步是对事故发生的可能性与后果进行评估。这一评估通常基于历史数据和经验法则，通过定量和定性相结合的方法，对不同类别事故的发生频率和潜在损失进行评估。通过对数据的综合分析，企业可以识别出哪些事故类型具有较高的发生概率，以及这些事故可能带来的损失程度。这一评估不仅涉及直接损失，还包括间接损失和潜在的法律责任等因素，这样的全面考量为企业的安全管理决策提供了坚实的基础。

在风险评估的基础上，LEC分析的最终目标是帮助企业制定相应的防范措施。这些措施的制定需要针对已识别的高风险事件，结合企业的实际情况，设计出切实可行的安全管理方案。这可能包括改善工作流程、增强安全培训、引入新技术或设备等。有效的防范措施不仅能够降低事故发生的概率，还能在事故发生时减轻其带来的后果，从而为企业的安全管理提供保障。

LEC分析在实施过程中还需要关注持续改进的机制。随着企业运营环境的变化和技术的进步，原有的风险评估和防范措施可能逐渐显得不足。因此，定期的LEC分析与更新是确保安全管理措施有效性的关键。企业应建立相应的反馈机制，及时收集事故数据和员工反馈，以便对分析结果进行调整。这种动态的安全管理思维能够帮助企业不断提升其风险控制能力。

LEC分析的成功实施还依赖于企业文化的支持。企业高层管理者的重视和积极参与对于LEC分析的有效性至关重要。只有当安全管理理念深入企业文化，员工才能自觉参与到安全管理的各个环节，形成全员共同维护安全的良好氛围。因此，在推动LEC分析的同时，企业还需加强安全文化的建设，通过培训、宣传等多种方式，提高员工的安全意识和参与度。

LEC分析作为一种重要的安全管理工具，能够通过系统的损失事件分类与评估，为企业的风险控制和安全管理提供有力支持。通过科学的分类、全面的风险评估及有效的防范措施制定，企业不仅能够识别和控制潜在的安全风险，还能够提升整体的安全管理水平。为了确保LEC分析的长期有效性，企业应定期进行更新与改进，并积极营造安全文化，从而实现安全管理的可持续发展。通过这样的综合努力，企业能够在日益复杂的安全环境中保持竞争优势，保障员工的安全与健康，同时维护企业的良好声誉和经济效益。

三、风险矩阵

风险矩阵是一种常用的风险评估工具，旨在通过直观的方式将风险的发生概率与其可能造成的影响程度结合起来，以便于决策者识别和优先处理最需要关注的风险领域。这一工具的核心在于其简单易懂的结构，使得风险管理过程变得更加系统化和透明化。

风险矩阵通常由两个维度构成：一是风险发生的概率，通常分为若干个等级，比如"极低""低""中""高""极高"；二是风险的影响程度，也同样分为类似的等级。通过将这两个维度结合，风险矩阵形成了一个二维表格，其中的每个单元格代表了特定概率与特定影响程度组合下的风险等级。这样的组合不仅有助于决策者直观识别风险的严重性，也便于企业制定相应的管理策略。

风险矩阵的优势在于其直观性与易用性。决策者无须具备复杂的统计分析能力，就可以通过简单的视觉图表迅速了解各类风险的优先级。这种清晰的展示方式使得团队成员可以在会议或讨论中快速达成共识，确保所有人对风险的认识保持一致。此外，风险矩阵还能够为不同的利益相关者提供一个共享的平台，促进不同部门之间的沟通与协调。

在实际应用中，风险矩阵的构建过程通常包括几步。首先，识别潜在风险，包括各种内部和外部因素可能导致的不确定性；其次，评估这些风险的发生概率和影响程度，通常需要依赖专家判断或历史数据进行量化；最后，根据评估结果将风险定位在矩阵中相应的单元格内，形成一个风险分布图。这一过程不仅有助于决策者识别高风险领域，还能为后续的监控和管理提供基础。

风险矩阵能够推动企业或组织在风险管理中形成动态反馈机制。随着时间的推移，市场环境、技术条件和内部流程的变化可能导致某些风险的性质发生改变。在这种情况下，定期更新风险矩阵不仅可以确保风险评估的准确性，还可以及时调整应对措施，以应对新出现的风险或变化的风险环境。这种灵活性和动态性使得风险矩阵成为一种具有持续价值的管理工具。

尽管风险矩阵在风险评估中具有显著的优点，但也并非没有局限性。风险矩阵通常依赖于定性评估，这可能导致不同评估者在判断风险时产生主观差异。此外，风险矩阵对低概率高影响风险的处理可能不足，因为这些风险往往难以被准确识别。决策者可能过于依赖于矩阵所呈现的结果，而忽视了风险管理中更复杂的定量分析与深入研究。

为了充分发挥风险矩阵的作用，决策者在使用时需要结合其他风险评估方法，如定量分析、情景分析等，以弥补风险矩阵的不足之处。同时，建立一个跨部门的风险管理团队，确保多方视角的融合，也是提高风险评估质量的重要途径。在风险管理过程中，决策者需要不断反思和总结，完善评估体系，以提升风险识别和处理的有效性。

风险矩阵作为一种直观的风险评估工具，在风险管理中发挥着重要的作用，其通过将风险发生概率与影响程度进行结合，帮助决策者快速识别优先处理的风险领域。尽管风险矩阵存在一定的局限性，但只要合理使用，并结合其他方法，就可以大大提高风险管理的有效性和准确性。在日益复杂和动态的商业环境中，合理运用风险矩阵，有助于企业更好地应对不确定性，保证可持续发展。

第三节 异常工况的处置与风险控制

一、异常工况的定义

异常工况是指在生产过程中,设备、工艺或环境条件出现偏离预定的正常操作范围或标准的情形。这些偏离可能由多种因素引起,包括设备故障、原材料质量波动、操作失误、环境变化等。这些情况的发生会直接影响生产的稳定性和安全性,甚至导致安全风险的显著增加。因此,对异常工况的有效管理和响应至关重要。

在化工生产中,异常工况可能会导致化学反应的不可控性,进而引发泄漏、火灾、爆炸等严重事故。设备的故障不仅可能导致生产效率的降低,还可能在关键时刻造成不可逆的后果,例如,设备的突然停机会影响整个生产线的运作,而设备的部分失效可能导致系统运行的失衡。原材料的质量波动,如含水量、成分比例等变化,可能使得生产过程中反应的可预测性下降,从而引发产品质量不稳定,甚至产生危险。

异常工况的发生往往是隐蔽的,初期可能仅表现为轻微的偏离或不适,但如果不加以重视和处理,随着时间的推移,其影响可能会逐渐加剧,最终演变为严重的安全隐患。因此,建立有效的监测和预警机制是应对异常工况的重要步骤。企业需要在生产过程中持续监控各类关键参数,一旦发现异常迹象,便及时采取措施进行干预,避免小问题演变成大危机。

异常工况的识别与管理还涉及对员工安全意识的提升和教育。员工在生产过程中是第一线的观察者,及时反馈异常情况对于保障安全生产至关重要。因此,企业应定期对员工进行安全培训,提升其对异常工况的应对能力,鼓励他们在发现潜在问题时立即上报,并采取初步的应急措施,以减小异常情况可能带来的风险。

在面对异常工况时,企业的应急管理机制必须迅速有效。企业应制定详细的应急预案,以指导员工在发生异常时采取适当的行动,防止事态进一步恶化。这些预案应涵盖不同类型的异常情况,包括设备故障、原材料质量问题等,并明确各个岗位的职责与应对流程,以便在发生突发事件时能够迅速响应。

异常工况的管理不仅仅是应急响应的问题,还需要在生产设计和工艺流程中进行优化。企业在设备选型时应考虑其可靠性和适应性,设计冗余系统以防止单点故障的发生。同时,工艺流程的设计应尽可能简化,减少复杂性,以降低出现异常的概率。通过系统的风险评估,企业能够提前识别潜在的异常工况,制定有针对性的控制措施,从根本上降低安全风险。

随着科技的进步,自动化和智能化技术在异常工况的监测和管理中逐渐发挥重要作用。通过引入传感器和数据分析技术,企业能够实现对生产过程的实时监控,及时发现偏离正常运行状态的情况,并通过自动化系统进行调节和纠正。这种智能化的监测手段不仅提高了响应速度,还能通过数据积累和分析,为企业的安全管理提供有力支持。

异常工况的管理是一项系统工程,需要企业各级管理层的高度重视和协作。企业应建立健全的安全管理制度,将异常工况的识别与应对纳入日常管理之中,形成从上到下的全员参与机制。只有通过全面、系统的管理,企业才能有效应对异常工况,保障生产安全,实现企业的可持续发展。

二、应急响应计划

应急响应计划在化工企业的安全管理中至关重要,特别是在面对异常工况时,其有效性直接关系到事故的控制和损失的降低。制订详尽的应急响应计划是企业提升安全管理水平、保障员工生命安全和保护环境的基本要求。应急响应计划应涵盖多个方面,以确保在突发情况下,企业能够迅速、高效地做出反应。

应急响应计划的核心是对潜在风险的全面识别和评估。企业需通过风险评估程序,识别出所有可能导致异常工况的因素,包括设备故障、操作失误、自然灾害等。对这些风险进行评估后,企业可确定各类异常工况的发生概率及其可能造成的后果,从而为后续的应急措施提供科学依据。

在制订应急响应计划的过程中,企业必须明确各类异常工况下的应急措施。这些措施应具体、可行,并根据不同类型的事件设定相应的响应级别和处理程序。

响应级别的设定有助于快速判断事件的严重性，从而决定采取何种措施进行应对。在每个级别中，应规定具体的操作步骤，包括人员疏散、设备停用、火灾灭火、泄漏控制等，以确保在发生异常工况时，能够迅速启动相应的应急程序，减少对人员和财产的伤害。

应急响应计划还应涵盖人员的培训与演练。即使有完善的应急措施，若缺乏相应的操作技能和应急意识，其效果也将大打折扣。因此，企业应定期对全体员工进行应急响应培训，让员工熟悉应急程序、操作设备和使用个人防护装备。通过模拟演练，员工可以在真实场景中练习应对各种突发事件的技能，提升团队的协作能力和应变能力，从而在实际情况下做出更快速有效的反应。

应急响应计划需要建立信息传递机制。在突发事件中，信息的快速传递至关重要。企业应确保信息传递的畅通，包括报警系统、通信设备和指挥中心的设置。应急响应计划应规定信息传递的流程，确保在发生异常工况时，各部门、各岗位能够及时获取事件信息并做出相应反应。此外，企业还需指定应急指挥人员，负责协调各方资源，确保应急响应的高效组织和实施。

应急资源的准备与管理也是重要的方面。企业应对应急物资进行定期检查和维护，确保在发生突发事件时，所需的物资、设备能够及时投入使用。这包括灭火器、泄漏控制设备、防护服、急救包等。企业还应建立应急资源的清单，明确各类物资的存放位置、使用方法及相关负责人，确保在需要时能够迅速找到并使用。

在应急响应计划中，事故调查与后续改进也是不可忽视的环节。企业对每次异常工况的发生都应进行详细的调查，分析其原因，评估应急响应的有效性，并总结经验教训。企业需根据事故调查的结果，及时修订应急响应计划，优化应急措施，提高应对未来类似事件的能力。这种持续改进的过程不仅有助于防范类似事件的再次发生，也能够不断增强企业的安全管理水平。

应急响应计划还应融入企业的整体安全文化中。应急响应不仅仅是一个技术问题，更是企业文化的一部分。企业应通过宣导、培训和活动等多种形式，提高全体员工的安全意识，让每位员工都意识到自己在应急响应中的责任与义务。营造良好的安全文化，有助于提升员工的自我保护意识和协作能力，使他们在面对突发事件时能够积极参与、冷静应对。

三、监测与报警系统

在化工行业中，监测与报警系统是确保生产安全和环境保护的重要组成部分。其主要目的是对生产过程进行实时跟踪和监控，以便及时发现异常情况，并迅速采取相应措施，以防止潜在风险的扩大。这一系统通过集成多种传感器和智能化技术，实现对关键生产参数的持续监测，为企业提供可靠的数据支持和决策依据。

监测与报警系统的建立需要全面考虑生产过程中的各种潜在风险因素。这包括温度、压力、流量、液位、气体成分等多个关键指标。通过对这些参数的实时监测，企业能够及时了解生产状态，识别出可能导致安全事故的风险点。当监测到的数值超过预设的安全阈值时，系统会自动触发报警，提示相关人员进行干预和处理。这种早期预警机制为风险控制提供了极大的便利，显著降低了事故发生的概率。

监测与报警系统的设计与实施需要充分考虑其可靠性与准确性。传感器的选择、安装位置、数据采集频率等因素都将直接影响系统的监测效果。因此，在系统的构建过程中，企业应采用高质量的传感器，并进行合理的布局和定期的维护，确保监测数据的准确性。此外，为了增强系统的稳定性，企业还可以考虑引入冗余设计，即在关键位置设置多个传感器，以防止单点故障对监测结果造成影响。

系统的集成与信息处理至关重要，可实现高效的监测与报警。现代监测与报警系统通常会配备数据采集和处理模块，这些模块能够将来自各个传感器的数据汇聚在一起，进行实时分析与处理。通过设定智能算法，系统可以自动识别异常模式，并根据预设的规则生成报警信息。这种智能化的处理不仅提高了响应速度，还降低了人为干预的错误风险，使企业能够更为精准地应对突发情况。

监测与报警系统的有效性还依赖于良好的信息传递与沟通机制。在系统触发报警时，相关信息应及时传递给现场操作人员及管理层，并确保他们能够迅速获取并理解报警信息。企业可以采用可视化技术，将监测数据以图表、仪表盘等形式展示，使操作人员能够更直观地掌握生产状态，并迅速做出反应。同时，报警信息的传递还应具备层级性和优先级的设置，根据事件的严重程度和影响范围，决定信息传递的对象和方式。

在应急响应方面，监测与报警系统的作用尤为关键。当系统发出报警后，企业应迅速启动应急预案，组织相关人员进行现场处置。有效的监测与报警能够为应急响应提供可靠的数据支持，帮助决策者评估事态的严重程度，制定合理的应对策略。此外，实时监测可以在应急处理过程中提供持续的数据反馈，帮助团队及时调整处理方案，确保事件得到有效控制。

随着信息技术的进步，监测与报警系统正逐渐向智能化和网络化发展。许多企业开始采用物联网技术，将监测设备连接到互联网，实现远程监控和管理。这一趋势不仅提高了监测的灵活性和便捷性，还为数据的分析与挖掘提供了新的可能。通过大数据分析，企业可以识别出潜在的安全隐患和改进机会，推动安全管理的持续优化。

监测与报警系统的建设不仅仅是技术层面的任务，更需要组织内部的支持与协作。企业应加强安全文化建设，增强全员的安全意识，使每位员工都能理解监测与报警系统的重要性，并积极参与到系统的使用与维护中。在日常工作中，员工应保持警觉，及时反馈监测中出现的异常情况，为系统的有效运行提供保障。

第四节　安全控制措施的评估与改进

一、控制措施的分类

在化工行业中，安全控制措施是保障员工健康、环境安全及企业正常运营的关键环节。控制措施的有效性不仅体现在其单独的实施，更体现在各类措施的合理结合与协同作用。根据其性质和实施方式，安全控制措施可以分为工程性控制、管理性控制和个人防护措施三大类。

工程性控制措施主要通过技术手段和工程设计来消除或减少危害源的影响。这类措施通常涉及对生产设备、工艺流程及工作环境的优化设计，旨在从根本上消除潜在的安全风险。例如，企业通过引入更为安全的设备、采用先进的材料或改进工艺流程,可以有效降低事故发生的可能性。工程性控制还包括对工作场所的安全改造,如通风系统的优化、排水系统的完善以及防火防爆设施的建设等。这些措施的实施,不仅可以降低危险源的存在频率,也有助于提高整体安全水平,确保员工在一个相对安全的环境中工作。

管理性控制措施则涉及组织和制度层面的安全管理。这类措施主要通过建立完善的安全管理体系、制定相关安全规章制度、加强安全培训和教育等方式来提升整体安全管理水平。管理性控制要求企业明确各级管理人员的安全责任,并建立有效的沟通与反馈机制,确保安全信息在各个层级之间的顺畅流通。通过定期的安全检查、风险评估和事故调查,企业能够及时发现潜在的安全隐患,并制定相应的改进措施。管理性控制还包括制定应急预案,以应对突发事件的发生。通过系统的管理措施,企业可以在事前、事中和事后各个阶段进行有效控制,从而降低事故发生的概率,保障员工的安全与健康。

个人防护措施是指员工在工作中所需采取的各种自我保护措施。这些措施通常包括佩戴个人防护装备、遵循安全操作规程等。个人防护措施是安全控制体系中不可或缺的一部分,尤其是在面对无法通过工程性或管理性措施完全消除的危险时。企业通过提供适当的个人防护装备,如安全帽、防护眼镜、手套和防护服等,可以有效减少员工在工作过程中的身体损伤。此外,个人防护措施还包括提高员工的安全意识,培养其遵循安全规程的习惯,确保在各种工作环境下都能主动采取防护措施。提高员工的安全意识不仅能增强其自我保护能力,还能够促进其在团队中分享安全经验,从而进一步提升整体的安全文化。

这三类控制措施在实际应用中并不是孤立存在的,而是相辅相成、相互支持的。工程性控制措施为管理性控制和个人防护措施提供了基础和条件,管理性控制则通过制度保障和组织协调提升了工程性措施的实施效果,同时促进个人防护意识的形成与落实。而个人防护措施在实际操作中,又能够为工程性和管理性控制措施提供反馈,帮助企业不断优化安全管理体系。因此,企业在制定安全控制措施时,必须综合考虑这三类措施的特点与相互关系,确保它们能够形成一个完整而有效的安全防护体系。

二、评估标准与方法

在化工行业中,安全控制措施的有效性评估至关重要。这一过程不仅有助于识别现行措施的优缺点,还能够为后续的改进和优化提供依据。为确保评估的科学性与适应性,企业应采用多元化的评估标准与方法,以全面反映安全控制措施的实际效果。

安全审计是评估安全控制措施有效性的关键工具。通过系统化的审计流程,企业能够对现有的安全管理体系进行全面检查。这包括对安全政策、程序和实践的合规性评估,确保它们符合相关法规和行业标准。在安全审计中,审计人员通常会依据既定的标准和指标对各项安全措施进行详细分析,通过发现潜在的问题和风险点,为企业提出改进建议。审计的结果不仅可以为企业的管理决策提供支持,还能促进安全文化的深入发展。

事故回顾是评估安全控制措施的重要方法之一。通过对历史事故的深入分析,企业能够识别造成事故的根本原因,并评估现行安全控制措施在事故防范中的有效性。事故回顾不仅涉及对事故发生过程的调查,还包括对事故后果的评估,以使企业了解措施在应急响应和事故处理中的实际效果。通过总结事故教训,企业可以有针对性地调整和完善安全管理策略,从而提高未来的安全防范能力。

员工反馈同样是评估安全控制措施的重要渠道。员工作为安全管理的直接参与者,能够提供有关安全措施实际执行情况的第一手信息。定期收集员工的意见和建议,可以帮助企业识别现行措施中存在的盲点和不足之处。为了有效获取员工反馈,企业应建立畅通的沟通渠道,鼓励员工积极表达对安全管理的看法。在这一过程中,员工的参与感和责任感将会显著提升,进一步增强安全文化的建设。

企业还可以通过制定具体的评估指标来量化安全控制措施的有效性。这些指标可以涵盖事故发生率、安全隐患整改率、员工安全培训合格率等多个方面。通过定期监测和分析这些指标,企业能够获得量化的数据支持,直观地评估安全控制措施的执行效果。同时,制定明确的基准线和目标值,有助于企业不断推进安全管理的改进与提升。

在实施评估时,综合运用多种方法能够形成更为全面的评估视角。例如,将安全审计与员工反馈结合，可以相互补充，形成对安全控制措施更为深入的理解。同时，对事故回顾的分析，能够为审计和员工反馈提供有价值的背景信息，增强评估的深度和广度。通过这种方法，企业能够全面把握安全管理的现状，并在此基础上制定切实可行的改进措施。

评估过程应保持透明和公正，以确保所有相关方对评估结果的认可和接受。在评估过程中，企业应充分尊重员工的意见，认真对待他们的反馈，避免评估结果的片面性和主观性。只有在开放的环境中，员工才能自由表达对安全措施的看法，从而为企业的安全管理提供真实、有效的信息支持。

在评估安全控制措施的有效性时，持续改进的理念应贯穿始终。评估结果不仅是对现行措施的评价，更是未来改进的基础。企业应根据评估结果制订相应的改进计划，并对改进措施的实施效果进行后续评估。这一过程形成了一个循环的反馈机制，有助于企业在不断变化的环境中及时调整安全管理策略，以应对新出现的风险和挑战。

三、持续改进机制

持续改进机制在企业的安全管理中起着至关重要的作用。它不仅有助于提高安全控制措施的有效性，还为企业在面临不断变化的外部环境和内部需求时提供了灵活的应对方案。企业要在安全管理方面取得长足进步，就必须将持续改进机制融入其管理体系中，以确保安全管理的动态适应性和有效性。

企业需要设定明确的安全目标，并定期对这些目标的实现情况进行评估。通过建立科学合理的绩效评估指标，企业能够量化安全管理的效果，进而判断现有控制措施的适用性和有效性。在评估过程中，除了关注事故和事件的发生率外，还应考虑员工安全意识的提升、培训效果、应急响应能力等多方面因素。这种多维度的评估方法可以帮助企业更全面地了解安全管理的现状，从而为后续的改进提供扎实的数据基础。

评估结果应成为管理决策的重要依据。在收集和分析安全管理评估数据后，企业领导层需认真研究这些信息，识别出安全管理中的不足之处和潜在风险点。基于此，管理层可以制订相应的改进计划，明确改进措施的具体内容和实施步骤。

这一过程需要确保信息的透明性，使得各级管理人员和员工都能充分了解安全管理的现状和改进方向，从而增强全员参与的积极性和主动性。

在实施改进措施时，企业应注重反馈机制的建立。无论是管理层还是一线员工，都应对新实施的安全措施进行定期的反馈与评估，以及时发现实施过程中可能出现的问题。反馈机制可以采用问卷调查、座谈会等多种形式，确保信息的多元化和全面性。通过收集各方意见，企业不仅能够调整和优化当前的安全控制措施，还能在此基础上提出更具前瞻性和针对性的改进方案。

企业还需重视技术创新在持续改进机制中的应用。随着科技的发展，许多新的安全管理工具和方法不断涌现。企业应关注这些新技术在安全管理中的应用潜力，通过引入先进的管理理念和工具，提高安全管理的效率和效果。无论是利用大数据分析技术优化风险评估，还是应用物联网技术进行实时监控，技术创新都能为企业提供更为精准的安全管理手段，使安全管理从被动应对转向主动防范。

持续改进机制的实施还应贯穿企业的文化建设。安全文化不仅是企业内外部安全管理的核心，也是推动持续改进的内在动力。企业应鼓励员工积极参与安全管理活动，倡导"人人都是安全员"的理念。通过培养员工的安全意识和责任感，企业能够形成良好的安全氛围，使员工在日常工作中自觉遵循安全规程，及时发现并报告安全隐患。这种自上而下与自下而上的共同努力，能有效推动安全管理的持续改进。

四、文化建设与员工参与

在化工行业，安全文化的建设与员工的参与密不可分。通过系统地培养员工对安全控制措施评估与改进的意识，企业不仅能够提升团队的安全文化，还能显著增强安全管理的整体效能和持久性。安全文化的深厚底蕴源自每一个员工的主动参与和持续努力，这一过程需要全员的共同认可和积极推动。

安全文化的建设要求企业从战略层面明确安全的重要性，并将其融入企业的核心价值观。企业应创造一个开放和透明的环境，让员工能够自由表达对安全管理措施的看法和建议。这种开放的沟通机制不仅促进了信息的共享，还增强了员工的责任感和归属感。在这样的文化氛围中，员工会意识到他们的意见和反馈是推动安全管理改进的重要组成部分，进而激发他们的参与热情。

建立有效的激励机制也是增强员工参与的重要手段。通过对积极参与安全管理的员工给予认可和奖励，企业可以激励更多员工主动参与到安全文化的建设中来。这样的激励不仅可以是物质奖励，还可以是精神上的鼓励，例如，表彰安全贡献突出的人士，或在公司内部传播优秀的安全实践案例。这样一来，员工在参与安全文化建设的过程中不仅能感受到自身价值的实现，还能增强团队的凝聚力和向心力。

在文化建设的过程中，持续的培训与教育也是不可或缺的环节。通过定期的安全培训，员工能够更深入地了解安全管理的政策、措施及其重要性。培训不仅要强调规则的遵守，还应鼓励员工提出疑问和讨论，使他们在理解的基础上产生共鸣。通过知识的传递和理念的交流，员工的安全意识将得到提升，他们将更加自觉地参与安全控制措施的评估与改进。

企业还应重视文化建设与技术手段的结合。现代技术的发展为安全管理提供了更多的可能性，如数据分析、智能监测等手段可以帮助企业实时跟踪安全管理的实施效果。通过技术手段收集的数据，员工可以直观地看到安全管理措施的有效性与不足之处，这种信息的透明化不仅增强了员工的参与意识，还为管理层提供了科学的决策依据。

在推动文化建设的过程中，管理层的态度和行为举足轻重。管理者作为安全文化的引领者，必须通过自身的行动来传递安全的重要性。管理层的积极参与和支持能够为员工树立榜样，营造出全员参与的良好氛围。当员工看到管理者真诚地关注安全问题时，他们更容易被激励，进而积极参与安全文化的建设。通过这种机制，安全文化将得到更为广泛的认同和实践。

第五章 自动化与智能化技术在安全管理中的应用

第一节 化工行业的自动化改造现状

一、技术进步推动自动化发展

随着信息技术、人工智能和机器人技术的迅速发展,化工行业的自动化改造正在加速进行。企业纷纷引入先进的自动化设备,以提高生产效率和安全性。这一趋势不仅改变了传统化工生产的面貌,也推动了行业在安全管理、资源利用和环保等方面的全面提升。

自动化技术的引入,使得化工生产中的各个环节能够实现智能化和数字化管理。通过使用传感器、数据采集系统和自动控制设备,企业能够实时监测生产过程,确保各项指标处于最优状态。这样一来,不仅可以显著降低人力成本,还能够提高生产的一致性和稳定性,从而提升整体产品质量。同时,数据的实时收集与分析,为企业提供了科学决策的依据,使得生产过程的调整更加灵活、迅速。

信息技术的进步,尤其是大数据和云计算的应用,使得化工企业能够在数据处理和信息管理上实现更高效的运作。通过对大量生产数据的分析,企业能够识别潜在的生产瓶颈和安全隐患,从而提前采取措施,降低事故发生的风险。这种数据驱动的管理模式不仅提高了企业的反应速度,还增强了其在市场竞争中的优势。

在安全管理方面,自动化技术的应用大幅提升了危险作业环境的安全性。在传统化工生产中,许多操作需要人工完成,这不仅增加了人力资源的消耗,还存在较高的安全风险。而通过引入自动化设备，企业能够将高危作业转移至机器进行操作，从而有效减少了员工在危险环境中的暴露。此外，自动化系统能够实时监测环境变化和设备状态，及时发出警报，有效预防事故的发生。

与此同时，智能化技术的融合使得化工企业在生产管理中更具前瞻性。机器学习和人工智能算法的应用，使得企业能够对生产过程进行预测性维护。这种方法通过对设备历史数据的学习，能够提前识别设备可能出现的故障，进行相应的维护和更换。这不仅提高了设备的利用率，也降低了因设备故障造成的停产损失，为企业的连续生产提供了保障。

在自动化发展的过程中，企业也面临一些挑战。首先是技术的更新换代速度快，企业需要不断投入资金和资源进行技术升级和设备更新。这对一些中小型化工企业来说，可能会带来一定的财务压力。此外，自动化系统的复杂性也要求员工具备更高的专业技能，企业在进行自动化改造的同时，必须加大对员工的培训力度，以提升其技术水平和适应能力。

自动化技术的广泛应用对企业的管理体系提出了新的要求。随着生产过程的自动化，企业需要重新审视和调整其管理模式，确保能够适应自动化带来的变化。这包括对生产流程的再造、信息流的整合以及跨部门协作的加强，企业只有通过系统化的管理，才能够充分发挥自动化技术的优势，实现资源的最优配置。

此外，尽管自动化技术的引入提升了生产的安全性，但企业在安全文化的建设上仍需不懈努力。自动化并不能完全取代人类在安全管理中的作用，员工的安全意识和责任感依然是保障生产安全的重要因素。因此，在推行自动化的过程中，企业必须同时重视安全文化的建设，通过提高员工的安全意识和责任感，形成自下而上的安全管理氛围。

对环保的积极影响是自动化发展的重要方面。化工行业在生产过程中产生的废弃物和排放物对环境造成了较大影响，自动化技术的应用有助于实现更为精确的物料控制和废物管理。通过高效的资源利用和废物回收系统，企业能够降低生产过程中的污染物排放，提升整体环境绩效。这不仅有助于企业满足日益严格的环保法规要求，还能提升其在公众和市场中的形象。

技术的进步推动了化工行业自动化发展的进程，为企业在生产效率、安全管理和环境保护等方面提供了新的机遇。然而,自动化并非万能,企业在实施自动化改造时,需要综合考虑技术、管理和文化等多方面的因素,以实现可持续的发展目标。在未来,随着技术的不断进步和应用的深入,化工行业的自动化发展必将迎来更加广阔的前景。

二、政策支持与市场需求

在当今快速发展的经济环境中,化工行业正面临着日益严峻的挑战与机遇。尤其是智能制造与自动化改造成为行业变革的重要驱动力。这一转型不仅是应对市场竞争的需求,也是为了满足国家在可持续发展和安全生产方面的政策导向。政府在智能制造与自动化领域的支持政策,加之市场对高效和安全生产的迫切需求,共同推动了化工企业的自动化升级,加快了行业整体技术水平的提升。

政府的政策支持是化工企业进行自动化升级的重要保障。随着全球制造业的转型升级,许多国家和地区纷纷推出了一系列鼓励智能制造和自动化的政策。政府通过财政补贴、税收优惠、研发资助等多种形式,鼓励企业投资智能化技术。这些政策不仅降低了企业的初期投资风险,也提升了企业在技术创新和升级过程中的信心。此外,政策的引导作用还体现在对产业结构调整的支持上,鼓励企业在满足市场需求的同时,推动技术的自主创新与成果转化。

市场对高效和安全生产的需求也在不断增加。随着经济发展和社会进步,人们对生产安全、环保和资源利用效率的关注程度日益提高。化工企业作为重工业的一部分,面临着更为严格的安全和环保要求。市场对高效、安全生产的迫切需求促使企业采用更为先进的技术手段来提高生产效率、降低资源消耗,并确保安全管理的有效性。在这种背景下,自动化技术的应用显得尤为重要。通过智能化的生产流程,企业能够实时监控和调整生产参数,从而降低事故发生的风险,提高整体的生产安全性。

智能制造的实施并不限于单一的技术升级,更涉及管理理念和生产模式的全面转变。在此过程中,企业需要重视技术与管理的深度融合。传统的化工生产模式往往存在信息孤岛、反应不及时等问题,而智能制造通过数据采集、实时分析等手段,使得生产过程的透明度和灵活性大幅提升。这种转变不仅提高了生产效率,也为企业的安全管理提供了有力支持。通过大数据和物联网技术,企业可以实时监测设备的运行状态,及时识别潜在风险,实施预警机制,从而降低安全事故的发生概率。

随着科技的不断进步,人工智能、机器学习等技术的应用正在逐渐深入化工行业。智能化系统能够通过学习历史数据和实时信息,优化生产调度和资源配置,实现更为高效的生产运作。这不仅提升了企业的市场竞争力,也为化工行业的可持续发展奠定了基础。在此背景下,企业在进行智能制造和自动化改造时,必须考虑到技术的适配性和可持续性,确保所引入的技术能够与企业的长期发展战略相契合。

在政策与市场的双重推动下,化工企业的自动化升级已成为行业发展的必然趋势。这一过程不仅是技术的迭代更新,更是企业在管理理念、组织结构及运营模式等方面的深层次变革。企业需要适时调整战略,以应对市场变化,利用政策支持和技术进步,实现持续竞争优势。同时,化工行业也应注重与外部合作,借助行业联盟、科研机构等资源,共同推动技术的创新与应用,提升行业整体水平。

政府对智能制造和自动化改造的政策支持与市场对高效、安全生产的迫切需求,为化工企业的自动化升级提供了强大的动力。这一转型不仅提升了行业的技术水平,还为企业的可持续发展和安全生产奠定了坚实基础。未来,随着智能制造技术的不断发展和成熟,化工行业将迎来更加广阔的发展前景,企业在这一进程中应积极把握机遇,推动自身的全面升级与转型,以适应日益复杂的市场环境和政策要求。

三、数字化转型的趋势

在当今化工行业快速发展的背景下,数字化转型已成为企业提升竞争力和实现可持续发展的关键驱动力。数字化转型不仅改变了传统的生产方式,更推动了整个行业的安全管理理念和实践模式的创新。化工企业通过建立智能化的生产流程,整合先进的数字技术,逐步实现数据采集、分析与反馈的闭环管理,从而显著提高安全管理的精准度和及时性。

数字化转型使化工企业能够利用物联网、大数据、人工智能等技术,对生产过程进行实时监测和数据采集。这些技术的应用使得企业可以在生产的各个环节中获取大量的实时数据,从设备运行状态到环境监测,数据的全面覆盖为安全管理提供了坚实的基础。通过数据采集,企业可以全面了解生产过程中的每一个细节,及时识别潜在的安全隐患。

数据分析在数字化转型中起着至关重要的作用。化工企业可以运用大数据分析工具,对收集到的数据进行深入分析,识别出影响安全管理的关键因素。通过对历史数据和实时数据的综合分析,企业能够预测潜在的风险,并及时采取相应的控制措施。这种基于数据的决策方式,相较于传统经验和直觉判断,显著提高了安全管理的科学性和有效性。

在数字化转型的过程中,闭环管理的理念被广泛应用。通过建立完整的数据流转系统,企业不仅可以实现实时监控,还可以将数据分析的结果反馈到生产流程中,从而形成自我优化的管理机制。当识别出新的安全隐患或问题时,企业能够迅速调整生产参数或操作规程,以消除风险。这种灵活的反应机制极大地增强了企业的应变能力,使其在面对复杂多变的生产环境时,能够迅速做出响应,降低事故发生的概率。

智能化技术的引入使得安全管理的自动化水平不断提升。例如,通过安装智能传感器和监测设备,企业可以实时监测设备的运行状态,及时发现异常并进行报警。这种实时监控系统不仅提高了安全管理的效率,也减轻了人工监测的工作负担,降低了人为失误的风险。此外,智能化技术的应用还使得企业能够实现安全管理的远程监控和管理,提高了管理的灵活性和响应速度。

数字化转型还促进了企业内部信息共享和协同工作。通过建立统一的信息平台,各部门能够及时获取所需的安全信息,并进行跨部门的协作。信息的共享不仅提高了工作效率,也增强了各部门在安全管理中的协同配合。通过整合各类信息,企业能够更加全面地识别安全风险,并制定出更加精准的管理策略。

在数字化转型的过程中,企业文化也随之发生了变化。随着智能化技术的不断应用,员工在工作中越来越依赖数据和系统的支持。企业需要培养员工的数据分析能力和安全意识,使其能够主动参与到安全管理中。在这样的文化氛围下,员工将更加注重安全规范的遵循和风险的识别,形成全员参与的安全管理模式。

数字化转型的推进也为化工企业的外部合作提供了新机遇。通过与技术供应商、研究机构等的合作，企业能够获取最新的技术和理念，进一步提升安全管理水平。这种开放的合作模式有助于化工企业在安全管理上保持领先地位，并推动整个行业的安全管理标准的提升。

第二节　自动化技术在危险工艺中的应用

一、提高危险工艺的安全性

在化工行业中，危险工艺的安全性是保障企业稳定运营和员工安全的关键因素。随着科技的不断进步，自动化技术的应用为提升危险工艺的安全性提供了强有力的支持。自动化系统能够实现对工艺过程的实时监控，通过高度集成的数据采集和分析，企业能够在第一时间获取关键的工艺参数。这种实时监测的能力使得企业能够及时识别工艺中的异常情况，从而迅速采取相应措施，避免事故的发生。

提高危险工艺的安全性首先依赖于对工艺参数的精准监控。自动化技术使得传感器、控制器和执行机构的协调工作成为可能，各种工艺参数如温度、压力、流量等都能被实时收集和分析。传统的人工监控不仅效率低下，还可能由于人为失误导致数据错误，进而影响安全决策。自动化系统的引入，消除了人工操作的不足，提高了数据采集的准确性和及时性。这样，企业在面对潜在的风险时，就能够更快地做出反应，采取必要的控制措施，降低事故发生的概率。

自动化技术还能够通过设定安全阈值和报警机制，进一步增强危险工艺的安全性。在工艺参数超出设定范围时，自动化系统可以立即发出警报，提醒操作人员进行干预。这种预警机制不仅提高了响应速度，还为操作人员争取了宝贵的时间，以便及时评估风险和采取措施。这种快速反应能力在高风险的化工生产中尤为重要，能够有效防止小问题演变成重大事故。

自动化技术的应用还促进了工艺操作的标准化和规范化。通过建立标准化的操作流程和控制程序，企业能够确保每一个环节都按照最佳实践进行。自动化系统可以自动执行这些标准操作，减少了人为因素的干扰，使得操作的一致性和可靠性得到了保证。这种标准化的操作不仅提高了生产效率，也为事故预防提供了更为可靠的保障。通过减少操作过程中的变数，企业能够降低出错的风险，从而提升整体的安全水平。

在提升危险工艺安全性的同时，自动化技术还带来了数据分析能力的显著增强。通过对实时监测数据的深入分析，企业可以识别出潜在的安全隐患和工艺瓶颈。这种数据驱动的决策方式使得企业能够从根本上优化工艺流程，提高安全管理的前瞻性。通过对历史数据的分析，企业不仅可以评估现有安全措施的有效性，还能预测可能出现的风险，制定相应的预防策略。这种前瞻性安全管理的理念，标志着化工行业安全管理的重大转变，使其向着更加科学和系统的方向发展。

自动化技术还为安全培训和应急管理提供了新的思路。通过虚拟仿真和模拟训练，企业可以为员工提供更为直观和真实的培训体验。员工可以在模拟环境中学习如何识别风险、处理紧急情况，而无须担心对实际生产造成影响。这种实践训练不仅提高了员工的安全意识，也增强了其应对突发事件的能力。当事故发生时，经过充分训练的员工能够更加从容地应对，减少损失和伤害。

自动化技术的应用还促进了安全管理与企业其他管理系统的集成。通过将安全管理与生产管理、设备管理等系统进行集成，企业能够实现信息的共享与互通。这种集成不仅提高了管理的整体效率，也使得安全管理更加科学化和系统化。通过整合各个环节的数据，企业能够从全局出发，更加全面地评估安全风险和管理措施的有效性。

二、减少人为错误的发生

在化工行业中，减少人为错误是提升安全性的关键措施之一。人为错误的发生往往与操作人员的判断失误、疲劳、注意力分散以及经验不足等因素密切相关，尤其在危险工艺中，这些错误可能导致严重的安全事故。因此，采用自动化设备来替代人工进行危险操作，成为一种有效的解决方案。

自动化设备的引入，使得危险工艺中的操作更加标准化和一致化。传统的人工操作往往受到个体差异的影响，不同操作人员在同一工艺环节中的表现可能存在较大差异。而自动化系统通过设定明确的流程和参数，确保每一个环节都能按照既定标准执行。这种一致性不仅提高了操作的可靠性，也显著降低了因人为因素引发的错误概率。操作人员不再需要频繁地进行手动调整或干预，自动化系统能够在预设的范围内自主运行。

自动化技术的先进监测能力也是其重要优势之一。现代自动化系统配备了多种传感器和监控设备，能够实时收集和分析生产过程中的数据。这种数据驱动的监测方式，使得任何异常情况都能被迅速识别和处理，从而降低了因未及时发现问题而导致的安全隐患。例如，对温度、压力、流量等关键参数的实时监控，能够帮助系统在数据偏离正常范围时立即发出警报，甚至自动采取应对措施。这种自动化的响应机制，进一步降低了人为判断失误的可能性。

自动化设备在进行重复性和高风险操作时，能够有效减轻操作人员的心理负担。危险工艺中的许多操作需要极高的专注力和精确性，而长时间的高压工作容易导致疲劳和分心。自动化设备的引入，使得操作人员可以将精力集中在系统监控和异常处理上，而不是繁重的操作任务上。这种职能的转变，有助于提升操作人员的整体工作效率，同时降低因疲劳而引发的错误。

在自动化流程控制中，系统的预设功能和逻辑运算能够进一步减少人为错误的风险。先进的控制算法可以根据实时数据进行自我调整和优化，确保工艺参数始终处于最佳状态。这种智能化的控制方式，使得操作人员的干预需求显著减少，进一步减轻了人为错误的风险。此外，自动化系统能够根据历史数据进行趋势分析，预测可能出现的问题，提前采取预防措施，确保生产过程的安全稳定。

自动化并不意味着完全取代人工操作。在许多情况下，操作人员仍然需要对自动化系统进行监督和管理。因此，提升操作人员的技能和知识水平依然是至关重要的。虽然自动化设备能够显著减少人为错误，但操作人员的专业素养和应变能力仍然是确保系统安全运行的关键。通过不断的培训和学习，操作人员能够更好地理解自动化系统的工作原理，及时识别和处理潜在的安全风险。

企业在推行自动化的同时，还需关注系统的可维护性与可靠性。自动化设备和系统的故障可能会导致生产中断，甚至引发安全事故。因此，定期的维护和检查是必要的，可以确保系统在运行过程中的稳定性。完善的应急预案和维护机制，将为自动化系统的安全运行提供保障。

三、远程监控与操作

远程监控与操作技术在现代化工领域中正变得越来越重要，其核心在于通过先进的信息技术和通信手段，实现对危险工艺过程的实时监控和远程操作。这一技术的发展不仅提升了生产安全性，还为应急响应和管理带来了新的思路和方法。

远程监控系统通过网络将生产设备、传感器和控制系统连接起来，使得操作人员能够在安全的环境中实时监测工艺参数和设备状态。这种实时监控能够帮助操作人员及时识别潜在的异常情况和风险，减少人为失误的可能性。在传统的操作模式中，操作人员往往需要亲临现场进行监测，存在一定的安全隐患。而远程监控则能够将操作人员从危险环境中解放出来，确保他们在更安全的区域进行监控和操作，从而最大限度地降低了事故发生的风险。

远程操作技术的应用也极大地提高了应急处理的效率。在发生突发事件时，远程操作可以迅速切换到应急响应模式，操作人员无须亲自前往危险区域，而是通过监控系统实施控制。这种灵活性使得企业在应对紧急情况时能够迅速反应，减少事故对人身安全和环境的影响。同时，远程监控系统可以整合多种数据和信息来源，为决策者提供实时的数据分析，支持快速制定应急决策，确保应急响应的有效性。

远程监控与操作还促进了生产过程的自动化和智能化。通过不断集成新技术，企业能够实现数据的自动采集、分析与反馈，从而形成闭环控制系统。这种系统能够在不需要人为干预的情况下，自主进行调整和优化，提高了生产过程的稳定性和安全性。操作人员可以更专注于监测和分析数据，而不必频繁干预生产过程，这不仅提升了工作效率，还确保了生产的安全性。

远程监控技术还带来了数据管理和信息透明化的优势。企业可以通过监控系统实时记录和存储各种操作数据和监测信息，这为后续的安全管理和审计提供了可靠的依据。通过对历史数据的分析，企业可以识别出潜在的安全隐患和操作中的不足之处，从而不断优化生产流程和安全管理措施。这种透明化的信息流动能够提升企业的安全文化，提高员工对安全管理的重视程度。

尽管远程监控与操作技术带来了诸多便利，但也存在一些挑战。技术的依赖性增加了系统发生故障时的风险。如果监控系统出现故障，可能会导致对危险工艺的监控和控制中断，给生产安全带来潜在威胁。因此，企业必须建立完善的系统维护和应急预案，确保在技术故障发生时能够迅速恢复监控功能。

网络安全问题也是不可忽视的重要因素。远程监控系统通常依赖于互联网和云平台，这使得其面临网络攻击和数据泄露的风险。企业需要采取有效的网络安全措施，确保系统和数据的安全，防止外部攻击对生产过程的干扰和影响。

对操作人员的技能培训也是确保远程监控与操作系统有效运行的关键。操作人员需要具备较强的技术能力和应变能力，熟练掌握系统的操作和维护技术。定期的培训和考核将帮助员工不断提升技能，适应技术发展的需求。

四、集成安全保护系统

在现代化工行业中，集成安全保护系统的设计与实施成为确保生产安全的关键环节。随着自动化技术的不断进步，企业逐渐认识到将安全保护系统与自动化设备相结合的重要性。这样的集成不仅能够提高生产效率，更能有效降低安全风险，实现生产过程的智能化与安全性双重保障。

集成安全保护系统首先强调的是预警机制的设定。通过实时监测生产过程中各类参数，如压力、温度、流量等，系统能够及时发现异常情况。当监测到任何超出安全范围的指标时，预警机制将迅速启动，向相关人员发送警报，以便他们迅速采取相应的防范措施。这种预警机制的实施，使得潜在危险能够在早期阶段被识别并加以控制，从而防止事故的发生。通过数据分析与历史记录的比对，系统可以优化预警阈值，提高预警的准确性与及时性。

在自动化系统的帮助下，集成安全保护系统能够实现自动停机功能。当预警机制被触发后，如果相关指标持续异常，系统会自动切断电源或停止生产设备的运转。这一功能不仅可以有效防止因设备故障导致的严重后果，还能保护设备及其周围环境，避免事故进一步扩大。自动停机功能的设计不仅要考虑技术的可行性，还要确保在紧急情况下能够迅速而安全地执行，防止对人员和设备造成二次伤害。

集成安全保护系统还需考虑与企业其他管理系统的联动。通过将安全保护系统与生产管理、设备管理等系统整合，企业可以实现数据的共享与协同。这样一来，在发生安全事件时，相关部门能够迅速获取所需信息，从而更有效地进行应急响应和事故处理。这种系统集成的方式，不仅提升了企业对安全管理的整体水平，还优化了资源配置，提高了响应效率。

在安全文化的推动下，集成安全保护系统的建设不仅依赖于技术的应用，更需要全体员工的参与和支持。企业应通过培训与宣传，提高员工对集成安全保护系统的认知，使他们理解系统的运作原理和重要性。员工在日常工作中，积极配合系统的运行与维护，能够进一步增强系统的有效性。此外，企业还应鼓励员工反馈安全隐患与系统运行中的问题，以便及时调整与优化集成安全保护系统。

为了确保集成安全保护系统的有效性与可靠性，企业还需进行定期的维护与检测。系统的各个组成部分，如传感器、控制器和执行机构等，都需保持良好的工作状态，避免因设备故障而导致安全隐患。因此，企业应建立完善的维护机制，包括定期检查、故障诊断与应急预案，以确保系统在关键时刻能够正常运行。

随着技术的不断演进，集成安全保护系统也应与时俱进，融入新技术的应用。例如，人工智能与大数据分析技术的引入，将使得安全保护系统的预测能力得到显著提升。通过对大量数据的深入分析，系统能够识别潜在的安全风险，进行更为精准的预警与响应。这种技术的集成，将进一步提升企业在安全管理方面的智能化水平，促进其可持续发展。

集成安全保护系统是现代化工企业安全管理的重要组成部分。通过设定预警机制和自动停机功能，企业能够实现对危险工艺的有效防护。结合自动化技术与安全管理系统，能够实现数据的实时监测与分析，为企业提供全方位的安全保障。同时，企业需注重员工的培训与系统的维护，确保集成安全保护系统在实际操作中的有效性。

第三节 智能化系统与安全监测

一、智能传感器的广泛应用

智能传感器在化工行业的应用正日益普及，其核心功能在于通过实时数据采集与监测，提升生产过程的安全性和效率。这类传感器不仅能够精准测量温度、压力、流量等关键工艺参数，还能通过集成的智能算法进行数据分析与处理，进而提供有效的预警和决策支持。

智能传感器通过不断收集和传输实时数据，为企业提供了全面的生产状态监控。这种监控能力使得企业能够及时识别出工艺过程中的异常情况，避免潜在的安全隐患。传统的监测系统往往依赖人工巡检和经验判断，而智能传感器的使用极大地降低了人为错误的可能性，提升了监测的可靠性和准确性。数据的实时反馈为管理者提供了坚实的基础，帮助其迅速做出反应，从而减少事故发生的概率。

智能传感器的集成化设计使得其能够与其他系统进行联动，实现智能化的管理。传感器可以与自动控制系统相结合，当监测到的参数超出设定范围时，系统可以自动调整工艺条件或者启动安全保护措施。这种智能联动机制不仅提高了生产的自动化水平，也在很大程度上降低了操作风险。例如，在压力或温度异常时，系统能够立即采取措施，如调整阀门状态或关闭相关设备，以防止事故的扩大。

智能传感器在数据分析和处理方面的能力使其在故障预警和预测维护中发挥着重要作用。传感器可以通过积累的历史数据与实时数据进行对比分析，识别出设备的运行趋势和潜在故障。这种基于数据驱动的分析方法使得维护工作从被动转为主动，企业能够提前识别出可能的设备故障，从而进行预防性维护，减少停机时间和维修成本。

智能传感器的广泛应用还带来了对生产过程的深入理解。通过对收集到的大量数据进行分析，企业能够全面掌握工艺过程的动态变化，并据此优化生产流程。这种优化不仅涉及生产效率的提升，还包括资源的合理配置和能源的有效利用。通过智能传感器监测到的数据，企业可以调整原料投入、能耗水平等，进而实现生产的可持续发展。

智能传感器还在企业的安全管理和合规性方面发挥了重要作用。许多行业在安全生产方面都面临着严格的法律法规要求，智能传感器能够帮助企业确保在生产过程符合相关的安全标准。通过对关键参数的实时监控，企业能够记录下完整的生产数据，便于后续的审计与合规检查。这不仅提升了企业的安全管理水平，也为企业在市场竞争中提供了有力的支持。

随着物联网技术的发展，智能传感器的应用场景将更加广泛。未来，智能传感器将不仅用于工厂内部的生产监测，还可以通过云计算和大数据分析，将数据传输到远程服务器，供企业进行集中管理和分析。这种趋势将使得化工企业能够实现跨区域、跨系统的协同监控，提高整体运营效率。

智能传感器的广泛应用不仅是技术进步的结果，也是化工行业转型升级的重要体现。在全球对安全、环保和可持续发展要求日益严格的背景下，智能传感器为企业提供了一种高效、可靠的解决方案，使其能够在保障安全的前提下，优化生产效率和资源利用率。这一技术的普及无疑将推动化工行业向更高的安全标准和更智能的管理模式迈进。

二、数据分析与决策支持

在现代化工企业中，数据分析与决策支持的结合已成为提升安全管理水平的重要手段。利用大数据分析技术，企业能够对海量数据进行深入挖掘，发现潜在风险，优化管理流程，从而增强整体安全性。这一过程不仅涉及数据的收集与存储，更需要将数据转化为有价值的信息，为企业的战略决策提供科学依据。

数据分析的核心在于其能够从复杂的原始数据中提取出有意义的模式和趋势。通过应用数据挖掘、机器学习等先进技术，企业能够实时监测生产过程中产生的各种数据，包括设备运行状态、生产参数和环境监测指标。这些数据为企业提供了一个全面的视角，使管理者能够及时识别出异常情况，从而采取相应的预防措施。数据驱动的管理方式，强调以客观数据为基础，而非依赖经验和直觉，确保决策的科学性和有效性。

智能化系统在数据分析中的作用不可忽视。这些系统不仅能够高效处理大量数据，还具备自学能力，能够随着数据的积累不断优化分析模型。这种动态的分析过程使得企业能够更灵活地应对环境变化和突发事件。例如，在生产过程中，智能化系统可以对实时数据进行持续分析，自动识别出设备故障的早期信号，及时预警，减少事故发生的风险。这种主动的风险管理方式显著提高了安全管理的效率和可靠性。

数据分析技术也能够帮助企业建立科学的决策支持系统。通过对历史数据的分析，企业可以识别出不同情况下的最佳应对策略，从而制定出切实可行的管理方案。这种基于数据的决策不仅提高了管理效率，还降低了决策风险。例如，在安全生产方面，通过对历史事故数据的分析，企业能够识别出高风险环节，并有针对性地加强管理。这种预见性和针对性的管理策略，能够有效防止事故的发生。

优化安全管理流程是数据分析与决策支持的重要目标之一。通过全面分析安全管理各个环节的数据，企业能够识别出流程中的瓶颈和低效环节，进而进行优化。例如，数据分析可以揭示出特定操作环节的风险集中度，管理者可以据此调整作业流程，合理分配资源，降低潜在风险。这种流程优化不仅提升了安全性，还提高了整体生产效率，降低了运营成本。

数据分析还能够增强员工的安全意识。通过对安全数据的透明共享，员工能够实时了解安全管理的现状，明确自身在安全管理中的责任和角色。这种信息的可视化不仅增强了员工对安全问题的敏感性，还促进了其参与安全管理的积极性。企业通过数据分析向员工展示安全目标的达成情况，可以激励他们在日常工作中主动关注安全，形成良好的安全文化。

数据分析的结果不仅有助于内部管理，还能够为企业的外部决策提供支持。在与供应商、客户等外部合作伙伴的互动中，企业能够利用数据分析来评估合作风险，制定相应的应对策略。这种基于数据的外部决策支持，使企业在市场竞争中具备了更强的抗风险能力和适应能力。

数据分析与决策支持的结合，为现代化工企业的安全管理带来了深刻的变革。通过科学的数据分析，企业不仅能够实时监测和管理安全风险，还能够为战略决策提供有力支持。智能化系统的引入，进一步提升了数据分析的效率和准确性，使企业在复杂多变的生产环境中具备了更强的应变能力。未来，随着大数据技术的不断发展，企业在安全管理方面的创新与突破将继续深化，推动行业的可持续发展。数据驱动的安全管理不仅是实现企业内部管理优化的重要工具，也是构建安全、稳定的生产环境的重要保障。

三、自动预警与响应机制

在化工行业，安全管理的复杂性与多变性使得建立一个高效的自动预警与响应机制变得尤为重要。智能化系统的引入为企业的安全管理提供了全新的解决方案。自动预警功能能够在实时监测过程中，及时识别潜在的安全风险，并在发生异常情况时迅速发出警报，从而有效防止事故的发生或减少事故造成的损失。

智能化系统通过传感器、数据采集和分析技术，能够持续监测关键参数和指标，如温度、压力、流量以及化学物质的浓度等。一旦这些参数超出设定的安全阈值，系统便会立即识别出异常状态。此时，自动预警机制将发挥作用，迅速通知相关人员，并采取必要的预防措施。这种实时监控和预警的能力大大提高了企业对安全隐患的响应速度，能够在最短时间内减少事故的发生概率。

一旦触发警报，智能系统将自动启动应急响应机制。这一机制通常包括一系列预设的操作流程，旨在指导员工快速、有效地应对突发事件。系统不仅会自动通知安全管理人员，还能根据情况的严重性，优先调度应急资源，确保在最短时间内实施应急措施。通过自动化的手段，企业能够显著提高应急响应的效率，从而降低事故对人员、设备和环境的影响。

自动预警与响应机制的有效性还在于其智能分析能力。在异常情况发生时，系统可以根据历史数据和实时数据进行分析，判断异常的原因及可能的后果。这种基于大数据分析的决策支持，可以为管理层提供科学依据，帮助他们制定相应的处理策略。通过对各种可能性进行预判，企业能够更好地掌控风险，并迅速做出相应的调整，从而有效避免事态的恶化。

智能化系统能够将应急响应与日常管理相结合，通过建立知识库与经验反馈机制，持续优化应急预案和预警标准。这种不断更新和完善的过程，使得企业在面对不同类型的安全风险时，能够灵活调整应对策略，确保安全管理始终保持在最佳状态。这种适应性和灵活性是传统安全管理手段所无法比拟的。

在自动预警与响应机制中，员工的参与和反馈也至关重要。智能化系统不仅仅是一个技术工具，更是一个人与技术相结合的管理平台。在事故发生后的分析与总结中，员工的第一手经验和反馈能够为系统的改进提供重要的数据支持。通过建立良好的反馈机制，企业可以将员工的观察和建议纳入到安全管理的不断优化中，增强整体安全文化。

自动预警与响应机制的建立不仅提升了化工企业的安全管理水平，也为事故的预防和处理提供了有力保障。智能化系统在风险识别、警报发出、应急响应和信息分析等方面的全面应用，使得企业在面对复杂多变的安全挑战时，能够从容应对。随着技术的不断进步，未来的自动预警与响应机制将更加智能化、灵活化，为化工行业的安全管理带来新的可能性。通过持续改进和技术创新，企业可以有效降低事故风险，提升安全运营的整体水平，从而实现安全、稳定、高效的生产环境。

四、提升安全文化的建设

提升安全文化的建设在当今化工行业中非常重要，尤其是在面对复杂的生产环境和潜在的安全风险时。智能化监测系统作为现代安全管理的重要工具，不仅仅是技术手段，更是促进安全文化发展的核心要素。

智能化监测系统通过实时数据采集和分析，能够全面监控生产过程中的各类安全指标。这些系统可以提供关键的安全信息，使员工在日常工作中能够即时获取与安全相关的数据，帮助他们更加深入地理解生产环境中的风险。这种数据驱动的方式，不仅提升了员工的安全意识，还推动了他们在工作中主动关注和参与安全管理。员工在获取数据的过程中，会逐渐意识到安全不仅是管理层的责任，更是每个人的义务和权利。通过让员工看到数据背后的含义，他们能够更清楚地了解潜在风险的严重性，从而自发地加强安全行为。

智能化监测系统的应用促进了信息透明度的提高。在传统的安全管理模式中，安全信息往往局限于管理层，普通员工很难及时获取相关信息。而智能化系统的引入，使得安全数据可以通过可视化的方式呈现给所有员工。这种透明化的过程不仅提升了员工的参与感，也增强了团队协作意识。员工之间可以分享和讨论安全数据，分析安全事件，从而形成一个以数据为基础的安全文化。在这样的环境下，员工不仅是被动的接受者，更是主动的参与者，他们的反馈与建议能够直接影响安全管理的决策，进而增强整体的安全文化建设。

智能化监测系统通过整合和分析历史安全数据，为企业提供了系统化的风险评估和预警机制。这种机制能够帮助企业提前识别潜在的安全隐患，制定相应的预防措施，从而有效降低事故发生的可能性。通过这样的风险管理方式，企业能够向员工传达出重视安全、预防为主的文化理念，培养员工的安全意识，使他们在工作中时刻保持警惕，关注安全。同时，历史数据的积累和分析也为企业在安全文化建设中提供了宝贵的参考依据，帮助企业识别文化建设中的薄弱环节，进行针对性的改进。

在安全文化建设中，智能化监测系统不仅关注事故的发生，更重视安全行为的培养和意识的提升。通过系统的应用，企业可以设计出针对性较强的培训方案，以数据为基础，通过实际案例分析、数据解读等形式提高员工的安全意识。在这样的培训中，员工能够更直观地看到安全行为与事故发生之间的关系，从而理解到日常工作中坚持安全操作的重要性。通过不断学习和实践，员工可以在潜移默化中提升安全意识。

智能化监测系统的有效实施还需要企业在管理层面上进行系统性的思考与布局。管理层应当重视安全文化建设，将其纳入企业的核心价值观，并通过制度、政策等形式加以保障。企业应鼓励员工参与到智能化系统的实施与维护中，使员工在参与中增强归属感和责任感，从而进一步巩固安全文化的根基。同时，管理层还需定期评估安全文化建设的成效，结合智能化监测系统的数据分析，及时调整和优化安全管理策略，以适应不断变化的生产环境和安全需求。

智能化监测系统所带来的安全文化建设效果是持续的，企业应将其视为一个长期的战略目标。随着技术的不断进步和安全管理理念的不断更新，智能化系统在安全文化建设中的作用将愈发明显。企业应当定期进行系统的回顾和反思，识别在安全文化建设中遇到的挑战与问题，以适时调整战略和措施，确保安全文化的持续发展。

提升安全文化的建设不仅依赖于智能化监测系统的有效应用，更需要企业在管理理念、员工培训和制度保障等方面进行全方位的努力。通过将智能化技术与安全文化建设相结合，企业能够在增强员工安全意识的同时，推动安全文化的深入发展，从而实现安全管理的根本转变。这种转变不仅有助于提升员工的安全意识，也为企业的可持续发展奠定了坚实的基础。

第四节　自动化改造的难点与对策

一、高成本投入问题

在化工行业，自动化改造是提升生产效率、降低安全风险的重要途径。然而，自动化改造的高成本投入常常成为中小型化工企业难以逾越的障碍。这些企业在进行自动化升级时，面临着一系列资金短缺的问题，这不仅影响了其竞争力，也制约了其可持续发展。

自动化系统的设计、设备购置和安装调试等各个环节都需要相应的资金支持，而这些费用往往远超出中小企业的财务承受能力。后期的维护和技术支持也需要持续的投入，增加了企业的财务负担。由于许多中小型化工企业在资金方面本就相对薄弱，这种高投入无疑是其发展的重大挑战。很多企业在初期投入上遇到瓶颈后，可能会选择放弃或拖延改造计划，从而错失了提升效率的机会。

为了缓解这一高成本带来的压力，中小型化工企业可以采取多元化的融资策略。企业可以积极寻求政府的支持与补助。在国家和地方政府鼓励自动化升级的政策背景下，许多地区设立了专项资金，旨在帮助中小企业进行技术改造。企业应当及时关注这些政策，申请相应的财政支持，以减轻资金负担。

行业合作也是一种有效的融资方式。中小型化工企业可以与同类企业或相关产业链上的企业建立战略合作关系，通过资源共享、技术合作等方式，降低自动化改造的成本。通过合作采购设备、共同研发技术等方式，企业可以在一定程度上分摊高昂的改造费用。参与行业协会或组织的活动，了解行业内的合作机会，可能也会为企业带来资金支持和技术交流的机会。

企业还可以考虑利用金融市场，探索多种融资渠道。通过银行贷款、风险投资、股权融资等方式，中小型企业能够获得更多的资金来源。近年来，金融科技的发展使得一些新兴的融资平台应运而生，为中小企业提供了更加灵活的融资方案。企业在选择融资渠道时，应全面评估各类融资方式的利弊，确保融资方案的可行性与安全性。

企业可以通过优化内部管理和成本控制，逐步积累资金储备。实施精益生产理念，通过优化生产流程、减少浪费等手段，提升整体的资金周转率，从而为未来的自动化改造积累必要的资金。此外，加强财务管理，合理规划资金使用，确保资金流动的高效性，有助于企业在资金短缺的情况下，依然能够为自动化改造提供必要的支持。

企业的决策层应具备前瞻性，充分认识到自动化改造对长期发展带来的潜在收益。虽然短期内需要投入大量资金，但从长远来看，自动化将有效提升生产效率、降低人力成本、减少安全风险，进而增强企业的市场竞争力。高成本投入的问题虽然难以避免，但企业需要在审慎评估投资回报的基础上，做出相应的决策，以确保在不利条件下仍能推动自动化进程。

高成本投入问题是制约中小型化工企业进行自动化改造的重要因素。然而，通过寻求政府补助、加强行业合作、利用多元化融资渠道、优化内部管理和提升决策层的前瞻性，这些企业可以有效应对资金短缺的挑战。只有在积极寻求解决方案的同时，充分认识到自动化改造的重要性和长期利益，中小型化工企业才能在激烈的市场竞争中站稳脚跟，实现可持续发展。

二、技术适应性挑战

在当今化工行业中，自动化技术的快速发展为提升生产效率和安全性提供了新的机遇。然而，随着新自动化系统的引入，企业面临着显著的技术适应性挑战。这些挑战主要源于现有设备与新技术之间的兼容性问题，可能导致系统集成的复杂性和潜在的生产中断。因此，如何有效应对这些技术适应性挑战，成为企业成功转型的重要课题。

现有设备的设计和功能往往与新引入的自动化系统不兼容。这种不兼容性不仅体现在硬件层面，也体现在软件和操作流程上。许多传统设备在技术上已经落后，无法满足现代自动化系统所需的接口和数据传输能力。这种技术断层使得企业在进行设备改造时，必须对现有系统进行全面评估，确定哪些设备需要升级或更换，哪些可以继续使用。

技术适应性差还会导致企业在实施新技术时面临较高的风险。这些风险不仅包括财务成本的增加，还可能涉及生产效率的下降和安全隐患的增加。由于新系统与现有系统的集成过程复杂，企业在改造过程中可能会遭遇预期外的问题，如系统不稳定或功能失效，进而影响整体生产线的运作。企业在推进自动化改造时，必须制定详尽的规划，并进行充分的风险评估，以确保在转换过程中不会对生产造成严重干扰。

为了应对这些技术适应性挑战，企业需要采取系统评估的方法。在实施自动化系统之前，进行全面的技术审查，以了解现有设备的性能和适应性。这一评估过程应考虑多个方面，包括设备的生命周期、维护成本、兼容性要求等。通过系统的评估，企业能够更清楚地了解哪些设备可以保留，哪些设备需要更新，从而制订合理的改造计划。

企业应根据实际情况逐步推进技术改造。这意味着企业不应一次性引入所有的新系统，而是应分阶段进行改造。通过逐步引入新技术，企业可以更好地控制改造过程中的风险。每一阶段的改造后，企业都应进行评估，以验证新系统的有效性和稳定性。这种循序渐进的方法有助于降低技术适应性带来的挑战，使企业能够在不断调整中优化其生产流程。

在技术适应性的挑战中，员工的培训和技能提升同样至关重要。新技术的引入不仅要求设备的更新，更需要员工掌握新的操作技能。企业在进行技术改造时，应同步开展员工培训，以确保他们能够熟练掌握新系统的使用和维护。只有具备足够技能的员工，才能在技术转型过程中快速适应新环境，并有效应对可能出现的问题。

企业还需关注技术的未来发展趋势。自动化技术日新月异，企业在进行技术适应性评估时，不能仅考虑当前的设备和系统，更应关注未来的技术发展方向。通过对市场上最新技术的调研和预测，企业能够更好地规划其技术路线，确保在自动化转型中具备前瞻性和适应性。

技术适应性挑战在化工企业的自动化转型过程中不可避免。现有设备与新技术之间的兼容性问题可能导致改造过程中的复杂性和风险。企业需通过系统评估、逐步推进改造、强化员工培训以及关注技术发展趋势，有效应对这些挑战。通过采取综合措施，企业不仅能降低技术适应性带来的风险，还能够在激烈的市场竞争中获得先机，实现可持续发展。

三、员工技能不足

在化工行业中，随着自动化技术的迅速发展，企业面临着许多挑战和机遇。然而，自动化改造的推行也可能导致部分员工在技能上无法适应新的工作环境，这一问题必须引起高度重视。员工技能不足不仅会影响自动化设备的正常运作，还可能对企业的整体生产效率和安全管理造成负面影响。因此，企业在实施自动化改造的过程中，必须注重员工培训与能力提升，以确保改造的顺利进行。

自动化技术的引入通常伴随着设备、流程和工作方式的重大变化，这对员工的技能提出了更高的要求。传统的操作方式往往需要员工具备丰富的实践经验和手动操作能力，而在自动化环境中，员工不仅需要了解新设备的操作规范，还需掌握相关的管理和监控技能。这意味着，员工必须迅速适应新的工作方式，学习如何与自动化系统进行有效互动。在这一过程中，技能不足的员工可能会感到困惑与无助，进而导致工作效率下降，甚至可能引发安全隐患。

员工技能不足可能导致企业对自动化设备的潜在能力无法充分挖掘。尽管自动化技术能够提升生产效率和减少人为错误，但如果操作人员对设备的功能和操作流程不够熟悉，就很难实现其应有的效益。员工的技能不足不仅限制了自动化系统的优化与升级，还可能导致设备故障、生产停滞等问题，从而增加企业的运营成本。此外，员工在面对突发状况时的应对能力不足，也可能对整个生产过程的稳定性产生负面影响。

为了应对员工技能不足的问题，企业需要采取一系列有效的培训措施。企业应评估员工现有的技能水平，识别出技能短缺的具体领域和岗位。这一评估可以通过自评、主管评价或第三方专业机构的评估来进行。明确技能短缺的方向后，企业可以制订培训计划，以便更有针对性地提升员工的专业能力。

在培训内容方面，企业需要结合实际情况，设计系统化的培训课程。这些课程不仅应包括自动化设备的操作培训，还应涵盖故障排除、系统监控和数据分析等方面的内容。通过理论学习与实际操作相结合的方式，员工可以更好地理解和掌握新的工作流程。此外，企业还可以引入外部专业机构或专家进行授课，确保培训内容的专业性与实用性。

除了系统性的培训，企业还应鼓励员工自主学习和相互交流。自动化技术的发展日新月异，员工需要具备持续学习的意识和能力。企业可以通过建立学习型组织，提供学习资源和平台，鼓励员工分享经验和技能。这样不仅能够促进知识的传播，还能够增强员工的团队协作能力，使他们在面对新技术时更加从容自信。

在培训和技能提升的过程中，企业也应重视对员工的激励和支持。通过建立科学的激励机制，企业可以激发员工的学习积极性和主动性。无论是通过绩效考核、奖金制度，还是通过职业发展规划，企业都应为员工提供明确的学习目标与发展路径，使他们在技能提升的过程中看到前景和希望。

企业还需建立有效的反馈机制，以持续改进培训计划和提升员工技能。培训并不是一蹴而就的过程，而是需要根据企业的发展和员工的需求不断调整和优化的。因此，企业应定期评估培训效果，通过问卷调查、员工反馈和实际工作表现等多种方式，收集信息并进行分析。这一反馈机制不仅能帮助企业识别培训中的不足之处，还能为未来的培训提供重要依据。

员工技能不足是自动化改造过程中需要重点关注的问题。企业必须加强员工培训，通过系统化的学习和实践提升其操作和管理能力，以确保自动化改造的顺利进行。通过评估、课程设计、自主学习、激励机制及反馈机制的综合运用，企业不仅能提升员工的技能水平，还能为自动化技术的有效应用创造有利条件。这将为企业的持续发展和安全运营提供坚实的保障。

四、文化与管理变革

在当今快速发展的技术背景下，自动化的推广与应用正在深刻改变企业的运营模式和管理结构。自动化不仅引入了新的工具和技术，还在企业文化和管理方式上引发了一场革命。这场变革的核心在于如何应对由自动化带来的文化和管理挑战。尽管自动化提供了提升效率和降低成本的机会，但它也可能引起员工的抵触和不安，影响组织的整体稳定性和发展。因此，企业在推动文化转型与管理创新的过程中，必须采取有效措施来增进员工的理解与支持。

自动化的实施往往伴随着对传统工作方式的挑战，这种挑战可能引发员工对自身角色和价值的怀疑。面对新技术的引入，员工可能会担心自己的工作安全以及与新技术之间的适应性。这种抵触情绪如果得不到有效管理，可能会导致员工士气低落、工作效率下降，甚至造成员工流失。企业需要采取透明的沟通策略，让员工了解自动化的目的、过程及其带来的积极影响。企业明确传达自动化如何帮助其提升竞争力、优化资源配置，可以使员工更加清晰地认识到自动化对个人和组织的潜在益处。

在文化转型的过程中，企业应鼓励员工积极参与改造过程，以增强他们的归属感和参与感。通过建立员工反馈机制，企业可以鼓励员工提出意见和建议，让他们参与到决策中，从而在一定程度上降低抵触情绪，让员工感受到自己的声音被重视，这样不仅能够提高他们的参与热情，还能够使其在实施自动化的过程中，成为变革的积极推动者而非被动接受者。参与感可以有效地增强员工对变革的认可度，使他们更加愿意接受新的工作方式和流程。

企业需要关注自动化对员工技能要求的变化，并相应地提供必要的培训与发展机会。随着工作内容的转变，员工的技能需求也会发生变化。为了帮助员工顺利过渡到新的工作环境，企业应该提供持续的培训项目，使员工能够掌握所需的新技能和知识。这不仅可以提升员工的自信心，还能增强他们对未来工作的适应能力。企业在这方面的投资不仅包括技术培训，还应包括对员工心理的支持，帮助他们调整心态，以积极的姿态面对变革。

在管理变革方面，企业应当考虑如何通过新管理理念和工具来支持自动化的实施。传统的管理模式可能无法适应快速变化的技术环境，因此企业需要探索更加灵活、适应性强的管理架构。这可能涉及扁平化管理、团队协作的强化以及对员工自主性的重视。通过建立以数据驱动的决策机制，企业可以更快速地应对市场变化，提高组织的响应能力。新管理模式的实施不仅有助于提升工作效率，还能够鼓励员工创新思维，激发他们的创造力。

为了有效推进文化和管理的变革，领导层应支持与重视。高层管理者需要积极推动自动化的战略实施，展示对新文化的认可与实践。领导者应成为变革的引领者，亲自参与相关活动，鼓励团队在新环境中探索与实践。通过积极参与和身体力行，领导者能够增强员工对变革的信心，形成一种自上而下的支持氛围，使员工在面对变革时感到安心和鼓舞。

在文化与管理的变革过程中，企业还应重视心理契约的维护。员工对企业的期望和承诺是驱动其行为的重要因素。企业在实施自动化的过程中，需保持与员工之间的信任关系，确保员工感受到企业对其价值的认可与重视。维护心理契约有助于增强员工的忠诚度，减少因变革带来的不安情绪，推动企业在新的文化背景下更为顺利地进行管理创新。

第六章　安全生产责任制与内生动力

第一节　安全生产责任制的内涵

一、明确责任主体

在化工行业中，安全生产责任制的建立至关重要，而其核心在于明确责任主体。这一过程不仅仅是为每个员工和管理人员设定责任，更要建立一种文化，使安全责任深入每一个层级，形成一个全员参与的安全管理体系。明确责任主体有助于消除责任不清的模糊地带，确保每个人都清楚自己的职责与义务。在化工企业中，安全管理涉及多个层级，包括高层管理者、中层管理者以及一线员工，每个层级都有其特定的安全责任和义务。高层管理者需要负责制定整体的安全方针和政策，确保企业在战略层面重视安全；中层管理者则需落实这些方针，监督和管理具体的安全实施情况；一线员工则是安全执行的主体，他们需要遵守操作规程，确保在实际工作中执行安全措施。

明确责任主体有助于形成责任追究机制。只有在明确责任的基础上，才能在出现安全隐患或事故时，对相关责任人进行有效的追责。这种追责机制不仅能对失职行为进行纠正和处罚，还能通过对责任人的约束作用，促使全体员工增强安全意识和自我防范能力。通过明确的责任分工和追责机制，企业能够建立起一个严格的安全管理体系，确保每一项安全生产工作都有人负责、有人监督。这样的责任体系能够有效地提升员工的安全感，让他们在工作中更加重视安全，减少违规操作和失误的发生。

明确责任主体能够增强员工的归属感和责任感。当员工了解到自己的职责与企业安全生产的关系时,他们往往会表现出更高的积极性和主动性。安全文化的建设不仅仅依赖于管理层的指示和政策,更需要每位员工的参与和认同。明确责任主体,使每位员工都成为安全管理的参与者,能够增强他们对企业安全目标的认同感,激励他们为创造安全的工作环境而努力。这样的文化氛围不仅促进了企业内部的安全生产管理,还能够提升团队协作效率,形成共同追求安全的良好氛围。

在实践中,明确责任主体的工作需要与企业的安全培训和教育相结合。企业应定期对各级管理人员和员工进行安全责任的培训,使他们清楚了解各自的职责范围和相关的安全法规。这种培训不仅有助于提升员工的安全意识,还能够帮助他们掌握必要的安全技能与知识,增强应对安全风险的能力。安全培训的内容应与企业的实际情况相结合,通过案例分析和情景模拟,使员工在真实的情境中学习和实践安全责任。这种结合不仅能够增强培训的针对性和有效性,还能提高员工对安全责任的认同感和执行力。

明确责任主体的工作应注重建立反馈机制。在安全管理过程中,及时的反馈和沟通是非常重要的。企业应定期收集员工对安全管理和责任落实的意见与建议,尤其是在发现隐患或事故后,能够通过反馈机制查找问题根源,改进责任制度。这种双向沟通的机制不仅能够提升安全管理的透明度,还能让员工感受到自己的意见受到重视,从而进一步增强他们参与安全管理的积极性。通过建立良好的反馈机制,企业可以不断优化安全责任体系,确保其适应不断变化的安全管理需求。

明确责任主体不仅是企业安全管理的必要措施,更是推动企业整体发展与提升的重要手段。在当前化工行业日益严格的安全法规和社会责任要求下,企业必须高度重视安全责任的落实,确保在各个层面上都能形成合力,保障安全生产。这种合力不仅有助于减少事故的发生,还能够提升企业的社会形象和竞争力,推动企业的可持续发展。因此,在实际操作中,企业应将明确责任主体作为安全生产责任制的首要任务,通过科学的管理方法和完善的制度建设,形成一个全员参与、责任明确的安全管理体系,以确保在激烈的市场竞争中立于不败之地。

二、责任落实机制

责任落实机制是确保安全生产有效实施的核心环节。它不仅是安全管理体系的重要组成部分,更是化工企业安全文化的具体体现。通过制定详细的责任落实机制,企业能够将安全生产责任具体化、可量化,从而使各项安全管理措施得以切实执行,最终实现降低安全隐患的目标。

责任落实机制的建立需要明确各级管理人员和员工的安全职责。这一过程要求企业从最高管理层到一线员工,每个岗位的安全责任都应得到清晰界定。明确的责任分配能够确保每位员工理解其在安全管理中的角色与职责,并意识到其行为对整体安全的影响。只有每个人都能清楚地知道自己应该做什么,才可能形成有效的安全管理合力,推动整个企业的安全文化建设。

责任落实机制应强调责任的可量化性。通过量化安全目标和绩效指标,企业可以设定明确的评估标准,使得安全责任的执行情况能够被客观评估。这些量化指标可以包括事故发生率、安全检查合格率、员工安全培训参与率等。通过建立数据驱动的考核体系,企业能够实时监测各项安全工作的进展情况,并为责任落实提供量化依据。这样不仅能够提高员工的安全意识,还能增强其对安全工作的责任感。

责任落实机制还应包括定期的检查与评估环节。企业需要建立完善的安全检查制度,定期对各个部门和岗位的安全责任执行情况进行检查。通过系统的评估与反馈,企业能够及时发现安全管理中的不足之处,采取必要的纠正措施,从而确保责任落实机制的有效性。这种定期的检查机制不仅是对责任落实情况的监督,也是对员工安全意识的一种持续强化。

责任落实机制应当结合企业的实际情况,设计合理的激励与惩罚措施。通过对安全责任落实情况进行考核,企业能够制定相应的奖励与惩罚措施,以激励员工积极参与安全管理。激励措施可以采取物质奖励、精神鼓励等多种形式,旨在增强员工对安全工作的重视程度。而对未能履行安全责任的员工,则应根据企业的管理规定给予适当的惩罚,形成良好的安全管理氛围。这种激励与惩罚的结合,能够有效促进责任落实的落实,推动企业整体安全管理水平的提升。

在责任落实机制的实施过程中，企业还应注重安全文化的宣传与教育。通过强化安全文化宣传，企业可以提升员工对安全责任的理解与认同感，使他们在日常工作中自觉遵守安全规定。教育与培训是强化责任落实机制的重要手段，企业应定期组织安全培训活动，帮助员工不断更新安全知识，提高安全意识。这样，员工不仅能够明白安全责任的重要性，还能在实际工作中将其内化为自觉行动，形成全员参与的安全管理局面。

责任落实机制的成功实施需要全员的共同努力和持续的改进。企业应建立反馈机制，鼓励员工对安全管理提出建议与意见。这种自下而上的反馈不仅能够帮助企业及时发现问题，更能增强员工的参与感和归属感。通过不断优化和完善责任落实机制，企业能够适应日益变化的安全管理需求，持续提升安全管理水平。

三、法律法规的遵循

在化工行业中，法律法规的遵循是确保安全生产责任制有效实施的基础。安全生产责任制不仅是企业内部管理的要求，也是法律对企业安全管理的明确规定。遵循国家相关法律法规，企业能够在安全管理方面实现合规，降低潜在的法律风险，同时增强企业的社会责任感和公众信任。

国家法律法规为安全管理提供了框架和依据。这些法规涵盖了从生产、储存、运输到处置的全过程，明确了企业在各个环节的安全责任和义务。通过遵循这些法律法规，企业能够在安全管理中建立明确的责任链，确保每个环节都有相应的安全措施和应急预案。这不仅有助于提高安全管理的有效性，还能够在出现问题时迅速追溯责任，避免法律纠纷。

合规性是企业可持续发展的重要保障。随着社会对安全生产要求的提高，法律法规不断完善，企业需要定期更新和调整安全管理制度，以确保与最新法规相符。通过持续的合规性检查和评估，企业能够及时发现并修正潜在的合规问题，避免因违反法律法规而导致的经济损失和信誉损害。这种合规意识能够增强企业内部的安全文化，促进员工对安全管理的重视和参与。

遵守法律法规能够有效降低法律风险。若企业未能遵守相关法律法规，可能面临罚款、停业整顿甚至刑事责任等严重后果。这不仅会对企业的经济效益造成损失，也会对企业的声誉产生不可逆转的影响。反之，积极遵守法律法规的企业则能在市场中树立良好的形象，提高客户和合作伙伴的信任度，进而增强市场竞争力。因此，企业在制定安全生产责任制时，必须将遵守法律法规作为核心要素之一，以最大限度地降低法律风险。

遵守法律法规不仅是企业对外部环境的应对，更是其对内管理的自我约束。在实施安全生产责任制的过程中，企业应充分认识到法律法规的重要性，结合自身实际情况，将法律法规的要求转化为具体的管理措施和操作规范。这种转化不仅涉及制度的完善，还包括对员工的培训与宣传，使每位员工都能充分理解并执行相关的法律法规要求。

法律法规的遵循还应涵盖对外部监管机构的合作与沟通。企业在安全生产管理中，不仅要遵守法律法规，还需主动接受相关监管部门的监督检查。通过与监管部门的积极沟通，企业能够及时获取政策变化的信息，调整自身的安全管理措施。这种合作关系有助于企业在法律法规的框架下，灵活应对市场变化和技术进步，提升整体安全管理水平。

在全球化背景下，法律法规的遵循还面临着国际标准与国内法律之间的协调。随着国际贸易的发展，越来越多的企业在全球范围内开展业务，必须考虑不同国家和地区的法律法规差异。在这种情况下，企业需要建立跨国安全管理体系，以确保在不同市场中均能合规经营。这种跨国管理不仅要遵循当地法律法规，还要考虑国际通行的安全标准和最佳实践，从而提升企业的全球竞争力。

法律法规的遵循在化工企业的安全生产责任制中具有不可或缺的重要性。它为企业提供了明确的安全管理框架，保障企业的合规性，降低法律风险，同时促进安全文化的建设和员工的安全意识提升。在日益复杂的法律环境中，企业必须高度重视法律法规的遵循，将其作为安全管理的重要组成部分，以实现安全生产的长效机制。通过持续的合规性管理与风险控制，企业不仅能增强自身的市场地位，更能为社会的安全发展做出积极贡献。

四、动态调整机制

在现代化工企业的安全管理中，动态调整机制是确保安全生产责任制有效性和适应性的关键组成部分。随着市场需求、技术进步和法律法规的不断变化，企业面临的安全挑战和风险也在不断演变。因此，建立一个灵活且动态的调整机制，不仅可以及时应对新出现的风险，还能够增强企业的整体安全管理能力，确保安全生产的可持续性。

动态调整机制要求企业能够及时识别和评估外部环境的变化。这种识别能力包括对市场趋势、技术更新、法律法规变更以及社会公众关注点的敏锐洞察。通过建立信息收集和分析系统，企业能够对潜在的安全风险进行实时监控与评估，从而为决策提供科学依据。信息的准确性和及时性对于动态调整机制的有效性至关重要，企业需要确保信息渠道的畅通，利用大数据和信息化技术，提升对安全管理相关数据的分析能力。

动态调整机制强调对内部安全管理体系的定期审查与评估。企业应制定系统性的审查计划，定期对安全生产责任制的实施效果进行评估，识别管理中的薄弱环节和潜在风险。这一过程不仅关注已有安全措施的有效性，还应结合最新的安全管理理念和方法进行反思和改进。在审查中，企业可以通过员工反馈、事故案例分析等方式，综合各方面的信息，形成针对性的调整建议。这种自我评估机制使得企业在面对新的安全挑战时，能够更迅速地做出反应，确保管理措施的科学性和适应性。

动态调整机制需要建立完善的反馈与改进机制。一方面，企业在实施安全生产责任制的过程中，应及时收集员工的意见和建议，鼓励其参与安全管理。员工作为第一线的工作者，对生产过程中的潜在风险和安全隐患具有最直接的感知。通过设立意见反馈渠道、组织定期的安全会议等方式，企业可以汇聚员工的智慧，为安全管理提供多元化的视角。另一方面，企业也需建立事故后评估机制，针对安全事故进行深入分析，查明事故原因并制定相应的改进措施。这种反馈机制不仅能够提升员工的安全意识，还能促进企业在安全管理方面的持续改进。

动态调整机制还需与企业的战略目标相结合。在制定安全生产责任制时，企业应充分考虑其战略目标和发展方向，确保安全管理与整体经营目标的协调一致。在安全管理措施的调整中，企业应关注其对生产效率、成本控制及市场竞争力的影响。通过将安全生产与经济效益相结合，企业不仅能提高安全管理的有效性,还能够增强员工对安全管理的认同感和参与度。

动态调整机制的实施需要全员的共同参与和支持。企业的高层管理者应充分认识到动态调整机制的重要性,积极推动安全文化的建设,营造重视安全的工作氛围。只有在企业内部形成一种共识,所有员工都能意识到安全管理的重要性并积极参与其中,动态调整机制才能真正发挥其效能。此外,企业还应注重对员工进行安全管理理念和技能的培训,使其具备必要的知识和能力,从而能够更有效地参与安全管理和动态调整。

第二节 企业安全管理人员的职责

一、安全管理规划

安全管理规划是化工企业在日常运营中不可或缺的一部分,旨在通过系统的方法和策略保障员工的安全、健康以及环境的可持续性。安全管理人员的首要任务是制定一份全面、系统的安全管理规划,确保安全目标与企业整体战略相一致,从而提升企业的安全管理水平。

安全管理规划必须明确企业的安全目标。这些目标应当是具体的、可操作的和可测量的,以便在实施过程中能够进行有效评估。安全目标的设定应考虑到企业的实际情况,包括现有的安全管理体系、员工的安全意识、潜在的风险因素以及法律法规的要求。通过对企业内外部环境的深入分析,安全管理人员可以制定出切实可行的安全目标,并为实现这些目标制订相应的实施计划。

安全管理规划需要考虑到不同层级和部门的特点。在化工企业中,各部门的工作性质和安全风险各有不同,安全管理规划应根据不同部门的实际情况进行细化和调整。这样可以确保安全管理措施在具体执行时能够与部门的实际工作相结合,提升安全管理的有效性。同时,安全管理规划还应遵循全员参与的原则,确保每位员工都能了解并接受安全管理目标和措施,从而增强全体员工的安全意识和责任感。

在实施过程中,安全管理规划应具备灵活性,以适应不断变化的内外部环境。

企业面临的风险和挑战是动态的，安全管理规划也需要根据实际情况进行调整和优化。安全管理人员应定期对安全管理规划进行评估与审核，及时发现问题并进行修正。通过这种持续改进的方式，企业能够不断提高安全管理水平，有效防范事故的发生。

全管理规划还需要建立相应的监控与评估机制。企业应定期对安全目标的实现情况进行监测，确保各项安全管理措施得到有效落实。通过量化指标，安全管理人员可以对各项安全工作进行评估，识别出工作中的薄弱环节，从而制定针对性的改进措施。监控与评估机制的建立不仅有助于及时发现潜在风险，还能为企业的安全管理决策提供依据。

在安全管理规划的过程中，培训与教育同样至关重要。员工是企业安全管理的重要主体，其安全意识和操作能力直接影响到安全管理的成效。安全管理人员应结合安全管理规划，制订系统的培训计划，定期开展安全培训和演练，以提高员工的安全素养和应急处置能力。通过强化员工的安全意识，企业能够有效减少人为因素导致的安全隐患，提升整体安全水平。

安全管理规划应注重与外部环境的沟通与协调。企业的安全管理不仅仅是内部的事务，还需要与相关的监管机构、行业组织和社区等保持良好的沟通。通过积极参与行业内的安全交流与合作，企业能够借鉴先进的安全管理经验和技术，提升自身的安全管理水平。同时，与外部利益相关者的沟通也有助于增强企业的社会责任感，树立良好的企业形象。

在安全管理规划的实施过程中，安全文化的建设是一个不可忽视的重要环节。安全文化是企业内部安全价值观、信念和行为规范的综合体现，它直接影响着员工的安全行为和企业的安全管理氛围。安全管理人员应将安全文化融入到安全管理规划中，通过开展安全文化建设活动，增强员工对安全工作的认同感和参与感。良好的安全文化能够有效促进员工自觉遵循安全规程，提高安全管理的自觉性和主动性。

安全管理规划不仅是为了应对当前的安全挑战，更是为了实现企业的可持续发展。随着社会对安全环保要求的不断提高，企业在安全管理方面的投入将越来越受到重视。安全管理人员应在规划中充分考虑到企业的长远发展目标，将安全管理与企业的整体战略相结合,推动安全管理与经济效益的协调发展。通过建立科学合理的安全管理规划,企业能够在保障安全的前提下,实现高效运营与可持续发展。

二、风险评估与控制

在化工行业,安全风险评估与控制是确保企业安全运营的核心环节。有效的风险评估不仅能够识别潜在的安全隐患,还能为制定控制措施提供科学依据,从而降低事故发生的可能性。为了实现这一目标,企业需建立一套系统化的风险评估流程,以确保各个环节的安全管理能够得到充分考虑和落实。

风险评估的过程应从全面了解企业的运营环境开始。这包括对生产工艺、设备运行、员工操作、原材料特性及储存条件等进行全面分析。通过对这些要素的深入理解,企业可以识别出潜在的安全隐患,特别是在处理危险化学品、复杂的生产流程以及高风险作业等方面。对各种因素进行系统分析,能够帮助企业全面掌握可能引发事故的风险点。

企业在进行风险评估时,应采用定性与定量相结合的方法,以便对识别出的风险进行综合分析。定性评估主要关注风险的性质及其潜在后果,帮助团队识别和理解不同风险对安全的影响。定量评估则通过数学模型和统计数据,评估风险发生的可能性以及其对企业的经济影响。结合这两种方法,企业能够形成对安全风险的全面认识,从而更准确地判断风险的严重程度和优先级。

在识别并评估安全风险后,制定相应的控制措施是下一步的重要任务。控制措施的制定应基于评估结果,针对识别出的高风险环节,企业需要设计切实可行的方案,以减少或消除风险。这些措施可以包括改进操作流程、增强设备安全性、引入新技术、加强员工培训等。制定控制措施时,企业应考虑措施的有效性、可行性和经济性,以确保所采取的措施能够在保障安全的同时,避免对生产效率造成过大影响。

在实施控制措施的过程中,企业需要确保全员参与。安全管理不仅仅是安全部门的责任,更需要每一位员工都能认识到自身在安全管理中的重要性。因此,企业应加强对员工的安全教育和培训,使他们明确了解控制措施的目的、内容和实施方法。此外，通过鼓励员工反馈与参与，企业可以更好地了解控制措施的实施效果，并及时进行调整和改进。

有效的风险控制还需要持续的监测和评估。在风险控制措施实施后，企业应定期对这些措施的有效性进行评估，以确保其能够持续发挥作用。监测的方式可以包括安全检查、事故调查、数据分析等。通过定期回顾和评估，企业能够及时识别出控制措施中的不足之处，并进行相应的调整，确保安全管理始终处于有效状态。

随着技术的发展和行业环境的变化，企业的风险评估与控制策略也需不断更新和调整。新技术、新材料以及新的生产工艺都可能带来新的安全风险，因此，企业必须保持对外部环境的敏感性，及时对其安全管理体系进行审视和改进。这种动态调整能力不仅能够提升企业的安全管理水平，也能增强其对潜在风险的应对能力。

在风险评估与控制的过程中，企业还应重视建立健全的安全文化。安全文化的建设能够使每一位员工在日常工作中都能保持对安全的高度重视，形成良好的安全意识。这种文化氛围不仅能够提高员工的主动性和责任感，也能促使企业在风险评估与控制上更加严谨和系统。

三、安全培训与教育

在化工行业，安全培训与教育是保障员工安全、提升整体安全水平的核心环节。有效的安全培训不仅能够增强员工的安全意识，还能提升其操作技能，从而在实际工作中减少人为错误和潜在的安全隐患。随着行业技术的不断发展，安全培训的内容和形式也需与时俱进，以适应新的工作环境和安全要求。

安全培训的目的在于提高员工对安全重要性的认识。化工行业的特殊性和复杂性使得每一位员工都必须充分理解安全工作的关键性。培训过程中，应系统地讲解安全规章制度、操作流程及应急预案，使员工认识到不遵守安全规程可能导致的后果。通过这种方式，员工能够从内心深处重视安全问题，并在日常工作中自觉遵循相关规定。

安全培训的内容应涵盖多方面的知识和技能。培训不仅包括法律法规的宣讲，还应包括对危险化学品的性质、处理方法和应急措施的深入了解。通过模拟真实情境的演练，员工可以在安全的环境中掌握必要的应对技能和操作规范。这样不仅能够增强员工的实际操作能力，还能提升其在突发情况下的应急反应能力。尤其是在涉及高危工序或设备操作时，培训的针对性和实用性显得尤为重要。

安全培训的形式也需要多样化，以适应不同员工的需求和特点。传统的课堂教学虽然能够传达基本知识，但往往缺乏互动性和实践性。因此，结合多媒体教学、实地演练、小组讨论等多种形式，可以提高员工的参与度和学习效果。在实际操作中，通过观看视频、参与情景模拟和团队协作，员工可以加深对安全知识的理解和记忆。这样，不仅增强了培训的趣味性，也使员工在轻松的氛围中学习到更为深刻的安全理念。

培训的频率和持续性同样至关重要。安全培训不应仅仅是入职时的一次性活动，更是一个持续的过程。企业应定期组织安全培训和复训，确保员工在岗位上始终保持高水平的安全意识与操作技能。随着技术的更新和新安全标准的实施，员工需要不断接受新的培训，以保持与行业发展的同步。定期的培训不仅可以帮助员工巩固已有的知识，还能及时传达最新的安全信息和最佳实践，从而进一步提高安全管理水平。

在培训过程中，反馈机制的建立也显得尤为重要。员工在参与培训后，企业应积极收集其意见和建议，以评估培训效果和改进培训内容。通过问卷调查、讨论会等形式，企业可以深入了解员工对培训内容的掌握情况和实际应用效果，不仅能够及时发现培训中的不足之处，还能不断优化培训计划，使其更加符合实际需求。

安全培训还应强调安全文化的培育。安全文化是企业长久发展的重要基石，良好的安全文化能够在潜移默化中影响员工的行为和态度。在培训中，企业应注重安全文化的传播，让员工深刻理解安全不是一个人或某个部门的责任，而是全体员工共同的义务。培养共同的安全价值观，可以使员工自发形成重视安全、关心同事的行为习惯，从而在企业内部营造出浓厚的安全氛围。

评估和考核机制是安全培训不可或缺的一部分。定期的考核可以有效检验员工对安全知识的掌握情况和实际操作能力。考核不仅可以激励员工重视培训内容,还能够发现知识的盲区,从而进行有针对性的补救。此外,考核结果还可以作为员工晋升和奖励的重要依据,进一步促进员工参与安全培训的积极性。

四、事故调查与报告

事故调查是化工企业安全管理中至关重要的一环,它不仅关系到事故后果的处理,更涉及整个企业的安全文化建设和风险防控能力的提升。事故发生后,安全管理人员必须迅速采取行动,组织专业团队对事故进行全面的调查与分析。这个过程通常需要结合多方面的资料,包括事故现场的勘查、相关人员的访谈、监控录像的回放、操作记录的查阅等,以便全面了解事故的经过及其背景。

事故调查的首要任务是识别事故的直接原因和根本原因。直接原因通常是导致事故发生的具体行为或失误,而根本原因则涉及更深层次的管理缺失、系统漏洞或文化问题。通过深入的原因分析,企业能够更清晰地认识到事故的本质,从而为后续的改进措施提供依据。这一过程中,安全管理人员应保持客观、中立的态度,避免主观臆断和情绪化的判断,确保调查结果的准确性和公正性。

在完成原因分析后,安全管理人员需要提出切实可行的改进措施。这些措施可能涉及操作规程的修订、设备的升级、培训体系的完善等,旨在从根本上消除事故隐患,降低未来事故发生的风险。企业还应重视事故调查过程中发现的潜在问题,以系统化的方式进行评估与处理。这不仅能够有效防范类似事故的再次发生,还能提升企业整体的安全管理水平。

事故报告是事故调查的重要环节,它不仅是对事故经过的记录,更是对事故教训的总结与反思。报告应包括事故发生的时间、地点、涉及的人员、损失情况、调查经过、原因分析、改进建议等信息,确保内容详尽、准确。报告的撰写需要逻辑清晰、语言简练,以便各相关部门和人员能够快速理解和掌握事故的主要情况和教训。

在报告完成后,安全管理人员需将其提交给相关部门,如管理层、安全委员会和监管机构等。及时报告不仅是法律法规的要求,也是对员工和社会的责任。通过向相关部门报告,企业能够传达对安全管理的重视和对事故后果的正视态度。同时,这也是企业向外界展示其安全文化和管理水平的重要途径,有助于维护企业的声誉。

事故调查与报告的过程同样为企业提供了宝贵的经验教训。每一次事故的调查与分析都应被视为一次深入学习和反思的机会，企业应在此基础上建立和完善内部的事故报告和处理机制。通过系统的学习和反思，企业能够形成安全管理的闭环，提升风险防范能力，进而增强企业的安全文化。

事故调查与报告不仅是单纯的事后分析，还应与日常的安全管理实践相结合。企业应通过建立有效的反馈机制，确保事故调查中的教训能够及时传达到每一位员工。这不仅需要安全管理部门的努力，还需全员的参与，确保安全意识深入人心。在此过程中，企业还可利用信息化手段，将事故调查结果与安全培训、日常管理等相结合，提高员工的安全素养。

事故调查与报告的最终目标在于实现事故的有效预防。通过深入分析和总结，企业不仅能够消除已有的安全隐患，还能提高员工对安全管理的重视程度，培养其主动识别和应对风险的能力。随着时间的推移，企业的安全文化将不断成熟，安全管理水平也将逐步提升，从而为企业的可持续发展奠定坚实的基础。

第三节　内生动力在安全管理中的应用

一、自我激励机制

自我激励机制是现代企业管理中一种有效的内部驱动力，它能够促使员工在工作中主动参与安全管理，将安全生产视为个人和团队的共同责任。在化工行业，安全生产是企业稳定运营的根基，员工作为一线工作执行者，是保障安全的关键环节。因此，建立自我激励机制不仅可以有效提升员工的安全意识，还能够让员工主动承担起维护安全的责任，进而促进企业整体安全文化的建设和深化。

自我激励机制可以通过增强员工的个人成就感来提升其安全责任意识。通过明确安全生产目标和个人角色，员工能够清晰地看到自己的工作对企业安全的重要性，从而在心理上感受到被重视和被认可的价值。自我激励机制让员工意识到，他们在日常操作中的每一个细节都关系到生产过程的安全性和整个团队的利益，这种成就感能够激励他们更加认真地执行安全规程。同时，员工在逐步完成安全管理任务的过程中，会积累正向的心理反馈，增强自身的满足感和认同感，进一步激发他们在安全管理上的主动性。

自我激励机制可以将安全生产责任内化为员工的职业习惯。自我激励的核心在于建立一种内生的驱动力，促使员工将安全生产视为自我要求，而不仅仅是外部规章的规定。通过反复的实践和自我强化，员工逐渐在心理上将安全意识内化，形成对安全管理的自然反应。这种职业习惯化的过程使员工即使在没有外部监督的情况下，也能自觉地遵守操作规程，主动查找潜在的风险，并及时采取预防措施。随着时间的推移，这种内化的安全意识会逐渐演化为工作中的一种标准行为，使员工能够在不同的情境中灵活应对潜在风险，保障生产过程的持续安全。

自我激励机制有助于营造出一种安全责任的共同体氛围。员工在受到自我激励的同时，会更加积极地与同事分享安全经验和技巧，从而形成良好的团队互动。这种氛围使得安全管理不再是孤立的个体行为，而是团队间的相互支持和协作。通过集体的相互监督和鼓励，员工能够在团队环境中形成共同的安全认知。团队成员之间的信任和责任意识也进一步加强，促使每一位员工将安全生产视为集体的共同目标，自觉地关注和支持同事的安全操作。在这种相互激励的环境中，员工对安全工作的积极参与度得以提升，团队的凝聚力和整体的安全管理水平也随之提高。

自我激励机制通过赋予员工更高的自主权和参与感，使他们在安全管理过程中感受到更多的自主控制。这种机制不仅仅是对员工进行任务布置，更是鼓励他们积极参与到安全决策中，通过提出改进建议、参与风险评估等方式，让他们感受到自己在安全生产中的重要性。员工在这种自主决策和参与的环境中，更能体验到工作上的自我实现感。更高的自主权也让员工在安全管理中有更多的主动性和灵活性，从而使得安全管理更具个性化、适应性和实效性。自我激励机制能够让员工对自己在安全生产中的贡献产生强烈的归属感，促使他们不断优化自己的操作行为，以确保安全生产环境的稳定。

自我激励机制能够激发员工的自我反思和不断提升的需求。通过在日常安全管理中树立个人目标，员工在工作中不仅会关注任务的完成，更会主动评估自己的表现，识别潜在的改进空间。在这种自我反思的过程中，员工能够更好地了解自己的不足之处，从而在未来的工作中进行调整。自我激励机制让员工的成长和进步成为安全管理中的重要组成部分，他们在安全意识上的提升不仅有助于个体成长，还会带动整个团队的安全管理水平不断提高。在实现自我反思和进步的同时，员工的自我激励机制得以进一步强化，使他们在安全管理上始终保持高度的警觉和积极性。

二、安全文化的培育

安全文化的培育在化工行业中至关重要，它不仅关乎企业的安全管理水平，也直接影响员工的工作态度和行为。安全文化的核心在于通过有效的宣传和教育，使员工深入理解安全的重要性，形成一种内生的安全意识与责任感。这种文化氛围能够引导员工自觉遵循安全规程，并在日常工作中主动识别和消除潜在的安全隐患。

营造良好的安全文化氛围需要系统性地传播安全理念。企业可以通过多种形式的宣传活动，如安全周、安全日、专题讲座等，将安全理念深入人心。在这些活动中，管理层应亲自参与，与员工面对面交流，传递对安全的重视和期望。这种高层的参与不仅增强了安全文化的权威性，也展示了企业在安全管理上的决心和承诺。通过持续的宣传，员工将逐渐认识到安全不仅是企业的责任，更是每个个体在工作中应承担的义务。

成功案例的分享是培育安全文化的重要手段。企业通过分析和传播企业内部或行业内的安全成功案例，可以有效地激发员工的安全意识。这些案例展示了在良好的安全文化环境中，员工如何通过自身的努力和团队合作，成功避免了潜在的安全风险。这不仅为员工提供了实际的参考，也营造了一种"安全是可以实现的"的信念。员工在看到同事的成功经验后，更加容易将安全理念内化为自己的行为规范，形成积极的自我约束。

自我约束是安全文化的一个重要方面，只有当员工自觉遵循安全规范时，才能真正实现安全管理的目标。企业应鼓励员工在工作中主动识别和报告安全隐患，而不是被动等待管理层的指示。为了促成这种自我约束，企业可以建立安全反馈机制，允许员工对发现的安全隐患提出意见和建议，甚至参与安全管理的相关决策。这种机制不仅让员工感受到自身的价值与责任，也在潜移默化中增强了他们的安全意识。

为了进一步加强员工的自我约束能力，企业还需实施有效的安全培训。安全培训不应仅限于新员工入职时的培训，而是应成为一个持续的过程。通过定期的安全教育和实操训练，员工能够不断更新自身的安全知识，提升安全操作技能。在培训过程中，企业应强调理论与实践相结合，让员工在实际操作中体会到安全的重要性。这种实践性的培训将帮助员工在面对突发情况时，能够迅速做出正确的判断与反应，减少因不熟悉安全操作流程而导致的事故。

企业文化的整体构建也对安全文化的培育有着深远的影响。企业在制定战略目标和日常管理时，应将安全文化融入企业文化的各个层面。通过将安全目标与企业发展目标结合起来，员工将更容易理解安全与业绩之间的关联，形成以安全为前提的工作思维方式。只有当安全文化成为企业文化的一部分，员工才能在潜意识中将安全作为工作中的优先事项，进而自发地进行自我约束与安全管理。

激励机制的设计也是安全文化培育的重要环节。企业应建立科学合理的激励机制，对在安全管理中表现突出的员工给予奖励和认可。这种激励不仅是对个体努力的肯定，更是对全体员工安全行为的鼓励。通过这种方式，企业可以在全员中营造一种积极向上的安全文化氛围，使员工在追求个人成就的同时，不忘安全责任，从而共同维护企业的安全环境。

领导者的示范作用在安全文化的培育中不可或缺。企业领导者应以身作则，积极参与安全活动，通过自身的行为影响员工的安全意识和行为规范。领导者的重视与参与不仅能够提升员工对安全的重视程度，也能够增强安全文化的传播力度。领导者的言行直接影响着企业的安全文化氛围，只有当领导者真正把安全放在首位时，员工才能感受到安全的重要性并自觉践行。

三、团队合作与协同

在现代化工企业中，安全管理的复杂性与多样性要求各部门之间进行有效的沟通与合作。团队合作与协同不仅是提升工作效率的关键，也是确保安全管理落实的重要保障。只有通过跨部门的协作，才能形成合力，推动企业整体安全水平的提升。

团队合作能够整合不同部门的专业知识与技能。在化工行业，安全管理涉及多个领域，包括工程、操作、维护和应急管理等。每个部门都有其独特的专业背景和经验，这些差异化的视角可以在合作中实现优势互补。当各部门能够共享信息与资源时，便可以更全面地识别和分析安全风险，从而制定更为科学合理的安全管理方案。通过团队合作，企业可以建立起一个多维度的安全管理体系，使其在面对潜在风险时能够更具适应性。

良好的跨部门沟通有助于消除信息孤岛现象。在许多企业中，各部门往往因目标和职责的不同而形成相对独立的工作模式。这种状况可能导致信息不对称，影响决策的有效性。促进各部门之间的沟通与交流尤为重要。定期召开跨部门会议、建立信息共享平台等方式，能够让各部门及时了解安全管理的最新动态和要求，增强对安全工作的共同认知。这种透明的信息流动不仅可以提升工作效率，还能增强团队成员之间的信任与协作。

团队合作的核心在于共同的目标与责任感。安全管理的落实需要每位员工都能明确自身在其中的角色与职责。通过设定明确的安全目标，团队成员能够在共同的方向上努力，形成合力。在这种背景下，每个成员都不再是孤立的个体，而是整个团队目标实现的关键环节。强调团队协作的文化能够激发员工的内生动力，使其主动参与安全管理，为安全目标的实现贡献自己的力量。

团队合作还能够提升应对突发事件的能力。在化工企业，突发的安全事件往往对企业的运营造成严重影响。此时，快速而有效的反应尤为重要。通过建立协作机制，各部门能够在紧急情况下迅速集结，形成快速反应团队。这种跨部门的应急协作可以确保各类资源得到合理配置，从而提高事故处理的效率，减少事故对企业的负面影响。良好的团队合作能力使企业在面对突发事件时具备更好的灵活性与应变能力，进而保障员工安全与企业的持续发展。

推动团队合作与协同并非易事。企业需要在文化层面上进行变革，鼓励员工积极参与合作，营造开放、信任的氛围。这种文化氛围不仅能够促进信息的流动与交流，还能增强团队成员之间的归属感和责任感。在这样的环境中，员工更愿意分享自己的想法与建议，从而为团队合作注入新的活力。

在实施团队合作与协同的过程中，企业也应关注适当的激励机制。设定团队绩效目标和奖励机制，能够激励员工在安全管理中发挥更大的作用。这样的激励不仅体现在经济利益上，更在于对员工在安全工作中付出努力的认可与赞赏。当团队成员感受到自己的贡献被重视时，便会更加积极地参与到团队合作中，为实现共同目标而不懈努力。

四、持续改进的反馈机制

在化工行业，安全管理的有效性不仅依赖于严格的规章制度和操作流程，更需通过持续的反馈机制来不断完善和优化。建立一个科学有效的反馈机制，可以促使企业在安全管理上实现动态调整，从而提高整体安全生产水平。有效的反馈机制是企业安全文化的重要组成部分，它不仅为员工提供了表达意见和建议的渠道，也为管理层提供了及时获取信息和进行决策的依据。

建立安全管理的反馈机制有助于营造开放的沟通氛围。员工在日常工作中最为直接地接触到安全管理的各个方面，他们对现有安全措施的有效性和适用性有着独特的视角。通过鼓励员工提出改进建议，企业能够激励员工积极参与安全管理，增强其责任感和归属感。这种开放的沟通不仅提升了员工的安全意识，也有助于形成积极向上的安全文化。在这种文化氛围中，员工会更愿意分享他们的观察和体验，从而为管理层提供更全面的信息，促进决策的科学化和精准化。

反馈机制的有效性在于其能够及时收集和处理信息，帮助企业识别潜在的安全隐患。安全管理的环境是动态变化的，随着生产过程、技术进步和外部环境的变化，原有的安全措施可能面临新的挑战。通过建立定期评估和即时反馈的机制，企业能够及时获取员工在工作中的真实反馈，从而快速识别和解决可能存在的问题。这样的机制不仅能够降低事故发生的概率，还能提升员工对安全管理的信任感，使他们更愿意报告安全隐患和问题，而不是在潜在危险面前选择沉默。

持续改进的反馈机制还应当包括对管理措施和操作规程的定期审查和优化。安全管理不应被视为一成不变的制度，而是一个不断演进的过程。企业可以通过建立反馈渠道，收集来自各个层面的信息，对现行的安全政策和措施进行定期审查。根据反馈的信息，企业管理层能够对安全管理体系进行科学评估，并做出必要的调整与优化。这一过程不仅提高了安全管理的适应性和灵活性，也为企业持续改善安全生产水平提供了依据和动力。

在反馈机制的设计上，应确保其透明度和可操作性。透明的反馈流程能够增强员工的参与感，使他们了解到自己的建议被认真对待并得到落实。同时，反馈的结果和后续改进措施应及时向全体员工通报，使他们能够看到反馈的实际成效。这种信息的透明化不仅增强了员工的安全参与意识，也进一步巩固了安全文化的建设。

为了确保反馈机制的有效运行，企业还需提供必要的培训和支持。员工在提出改进建议时，可能面临如何表达、如何构思等困难。通过组织相关的培训，企业能够帮助员工提高表达能力和解决问题的能力，使他们在反馈过程中更具信心。此外，企业应当为员工提供必要的资源与支持，使他们在提出建议后，能够得到相应的关注和反馈，从而形成良性的互动。

持续改进的反馈机制应当与企业的激励体系相结合。为了鼓励员工积极参与安全管理，企业可以设立专门的奖励机制，对提出建设性意见和建议的员工给予认可和奖励。这不仅能提升员工的积极性，也能在企业内部形成良好的学习氛围，推动安全管理水平的不断提升。

第四节　安全责任落实的激励与考核机制

一、激励政策的设计

在现代化工企业中，安全管理不仅关乎企业的生存与发展，也直接影响到员工的健康与安全。因此，建立有效的激励政策对于提升员工的安全责任感和主动性至关重要。激励政策的设计应围绕如何将安全责任落实与员工的绩效考核相结合，促进企业安全文化的形成，确保员工在工作中自觉遵循安全规范，从而减少事故的发生。

激励政策应明确安全责任的具体内容和标准，使员工清楚理解安全管理的重要性和自己在其中的角色。安全责任不仅包括遵循操作规程、报告安全隐患，还应涵盖对同事的安全行为进行监督和指导。通过将这些责任纳入员工的日常考核，企业可以让员工认识到安全工作不仅是管理层的任务，更是每一个员工必须共同承担的责任。

激励政策需要根据不同岗位的特点和安全职责的差异，制定相应的考核指标。这些指标应具有可操作性和可量化性，使员工在实现安全目标时能够明确努力的方向。比如，在高风险岗位上工作的员工，可以设置更高的安全考核权重，而在安全管理岗位的人员则应对整体安全文化的推进和实施效果负责。这种分类考核能够确保各类员工都能在其职责范围内，为安全工作贡献力量。

激励政策的设计还应注重与员工的心理需求相结合。人们通常希望自己的努力得到认可和回报，激励措施不仅可以通过物质奖励来实现，还应重视非物质激励，如表彰、晋升和职业发展机会等。这种多元化的激励方式能够提升员工的工作满意度，使他们更愿意在安全工作中投入时间和精力。

为了使激励政策更加有效，企业应建立健全安全激励的反馈机制。企业应定期对激励措施的实施效果进行评估，根据评估结果不断优化和调整激励政策。这种动态管理不仅能够增强员工的参与感，还能够及时发现激励政策在实施过程中可能存在的问题和不足，从而做出相应的改进。

在设计激励政策时，企业还需考虑激励的公平性和透明性。所有员工都应在相同的标准下接受考核，以防止因激励措施的不公而引发员工的不满或抵触情绪。企业应公开安全考核的标准、流程和结果，使员工能够清楚地了解自己的表现与激励之间的关系，增强他们的信任感和认同感。

激励政策应注重对安全文化的培养。在企业内部，通过开展安全知识竞赛、安全活动和培训等多种形式，提高员工的安全意识和技能水平，使他们能够在日常工作中自发地践行安全规范。通过这种文化氛围的营造，激励政策不仅是一种管理手段，更是企业安全文化的有机组成部分。

激励政策还应关注团队协作的价值。在安全管理中，个人的安全行为常常与团队的整体安全状况息息相关。企业可以将团队的安全表现纳入激励考核体系，以鼓励员工之间相互监督、相互帮助。通过这种方式，员工不仅能为自身的安全负责,更能为整个团队的安全贡献力量,从而形成共同维护安全的良好氛围。

二、考核标准的明确

考核标准的明确是化工企业安全管理体系中不可或缺的一部分,其重要性体现在多个方面。科学合理的安全责任考核标准能够为员工提供明确的安全行为指南,使他们在日常工作中有清晰的目标和期望。这种明确性能够引导员工自觉遵循安全规程,增强其安全意识,进而在潜意识中形成良好的安全行为习惯。

定期评估员工的安全表现,不仅能够及时发现安全隐患,还能有效促进员工对自身行为的反思。通过反馈机制,员工可以了解到自己在安全管理中的不足之处,并在此基础上进行改进。这种持续的自我评估过程,有助于员工在工作中保持高度的警觉性和责任感,确保安全意识时刻融入其日常工作中。

在制定安全考核标准时,企业需要考虑多个因素,包括工作性质、操作环境和潜在风险等。不同的工作岗位和工作环境会对安全管理的要求有所不同,因此考核标准应具备一定的灵活性,以适应各类岗位的安全需求。同时,考核标准应包含可量化的指标,如事故发生率、违规行为次数、参与安全培训的频率等,这样的量化考核可以更客观地反映员工的安全表现。

考核标准的设计还需结合企业的安全文化和管理目标。企业的安全文化能够深刻影响员工的安全意识和行为,因此考核标准应与企业的安全文化相一致,以增强考核的有效性和认可度。当员工感受到安全考核标准不仅仅是一个外部的评估工具,更是企业文化的重要体现时,他们更有可能主动参与到安全管理中,形成积极向上的安全氛围。

定期评估的机制可以为企业提供反馈数据,这些数据不仅可以用于考核员工,还可以为企业的安全管理决策提供依据。通过对考核结果的分析,企业能够识别出安全管理中的薄弱环节,并及时调整相关策略。这种基于数据驱动的决策方式,可以使安全管理更加科学、有效,从而减少事故发生的概率,提高整体安全水平。

考核标准的明确还有助于提升员工的安全责任感。安全责任不仅仅是个人的义务,更是企业文化的重要组成部分。通过明确的考核标准,企业能够将安全责任具体化，使每位员工都能意识到自己在安全管理中的角色和责任。这种认知能够激励员工在工作中保持高标准，确保每一项操作都符合安全要求。

良好的考核机制还能有效激励员工参与到安全管理的各个环节中。在明确的安全责任考核标准下，企业可以通过设置激励措施来鼓励员工表现优秀的安全行为。这种激励不仅能够提升员工的工作积极性，还能推动企业整体安全文化的提升。通过激励机制，企业能够让员工在完成日常工作的同时，主动关注安全问题，形成全员参与的良好局面。

明确的考核标准还能够帮助企业在事故发生时进行合理的责任追究。当事故发生后，企业可以依据考核标准进行调查与分析，厘清责任，从而避免因责任不清导致的管理混乱。这样的责任明确机制，有助于维护企业的公正性和透明性，增强员工对安全管理的信任。

三、奖励与惩罚并重

在化工行业，安全管理的有效性直接关系到企业的持续发展与员工的生命安全。建立一个科学合理的激励机制尤为重要。在激励机制中，强调奖励与惩罚并重，是确保安全管理公正性和有效性的重要策略。这一策略不仅能够激励员工积极参与安全管理，提升安全意识，也能够有效规范员工的行为，防止安全事故的发生。

奖励机制是激励员工的重要手段。及时对表现突出的员工给予奖励，可以有效提升他们的工作积极性和参与感。奖励不仅包括物质上的回报，诸如奖金、礼品等，还包括精神层面的认可，如表扬、荣誉称号等。这种认可能够增强员工的自豪感，使其感受到自身在企业安全管理中的重要性。进一步来说，良好的奖励机制还可以营造出积极向上的工作氛围，鼓励员工主动承担安全责任，推动安全文化的形成与发展。

惩罚机制同样不可或缺。对违反安全规章的行为进行相应的惩罚，能够有效维护安全管理的严肃性和公正性。惩罚不仅是对不当行为的纠正，更是对其他员工的一种警示，提醒他们遵循安全规章的重要性。在实施惩罚时，必须坚持公正原则，确保惩罚措施透明、合理。这样能够增强员工对安全管理制度的信任感，使他们自觉遵守安全规章,防止侥幸心理的产生。惩罚的公正性和透明度不仅关乎个人行为的调整,也关系到整个团队的安全管理氛围。

将奖励与惩罚相结合,有助于形成一种良性循环。在这种机制下,员工会更加关注自身的安全行为,从而积极参与到安全管理中。表现优秀的员工在获得奖励后,会继续保持高标准的工作状态;而受到惩罚的员工在经历一次教训后,也会更加重视安全规章的遵循。这种互为促进的关系,使得安全管理不再是单向的、被动的要求,而是形成了一种积极主动的安全管理文化。

奖励与惩罚并重的机制还应与企业的整体战略目标相结合。安全管理的最终目的是实现零事故、零伤害的目标,奖励与惩罚的措施也应围绕这一目标进行设计。在制定激励措施时,企业应明确哪些行为值得奖励,哪些行为会受到惩罚,确保员工清晰了解安全管理的标准。与此同时,企业需要定期评估激励机制的有效性,根据实际情况进行调整,以确保其始终适应企业发展需求和安全管理目标。

在实施奖励与惩罚并重的激励机制过程中,企业还需重视员工的参与感。员工作为安全管理的直接执行者,他们的意见和建议应被充分重视。通过建立反馈机制,员工可以对激励措施的合理性提出意见,从而增强制度的灵活性和适应性。这种参与感不仅能提高员工对安全管理的认同度,还能增强他们的责任感,使其在日常工作中自觉遵循安全规章。

在信息化时代,企业可以利用现代技术手段提升激励机制的实施效果。例如,通过数字化管理系统记录员工的安全行为,将其与奖励和惩罚直接挂钩,确保激励措施的透明性和即时性。此外,利用数据分析技术,企业可以评估不同激励措施的效果,优化奖励与惩罚的策略,使之更加科学合理。这不仅提升了激励机制的执行力,也为企业的安全管理提供了数据支持。

四、反馈与改进机制

在化工行业中,反馈与改进机制是确保安全管理体系有效运作的重要组成部分。通过建立一套科学、系统的反馈与改进流程,企业可以及时发现安全管理中的问题与不足,进而推动管理措施的持续改进,以确保安全责任的落实效果。

反馈机制的核心在于信息的收集与传递。企业应当建立一条畅通的反馈渠道，使得员工能够在日常工作中及时报告发现的安全隐患、管理漏洞或不符合规范的操作行为。这样一来，前线员工的声音将被有效地纳入安全管理，使管理层能够对实际情况有更全面的认识。定期组织安全会议、培训和座谈会等活动，鼓励员工分享其在安全管理中的经验和建议，这不仅能提高员工的参与感，也有助于构建积极的安全文化。

信息的收集需要系统化与规范化。企业可以利用现代信息技术手段，建立信息管理系统，对安全隐患、事故及其原因、整改措施、落实效果等进行记录和分析。通过数据的积累和分析，企业能够识别出安全管理中的共性问题与趋势，从而制定针对性的改进措施。这种数据驱动的管理方式能够更有效地发现问题，避免依赖主观判断，提升决策的科学性和准确性。

反馈不仅仅是信息的收集，更重要的是如何有效地应用这些信息进行管理改进。在信息被收集后，企业应当设定明确的反馈机制，确保各级管理人员能够及时接收到相关信息，并能够针对具体问题迅速做出反应。这需要企业建立清晰的责任体系，明确各级管理者在反馈过程中的职责，确保信息传递的畅通无阻。管理者需要对反馈信息进行认真分析，制定相应的整改措施，并对落实情况进行跟踪检查，以确保问题的彻底解决。

定期考核是确保反馈与改进机制有效运作的重要环节。企业应设定考核周期，通过定期的安全管理考核，对安全管理体系的运行状况进行评估。这种考核可以包括自评、内部审核和外部评估等多种形式。在考核过程中，企业需要关注安全目标的达成情况、安全管理措施的实施效果以及员工的安全意识和行为表现等方面。通过系统的考核，企业可以及时发现管理中存在的问题，并根据考核结果制订相应的改进计划。

改进机制应是一个持续的过程，而不是一次性的活动。企业在进行管理改进时，应当建立动态调整机制，以适应不断变化的内外部环境。具体而言，企业应定期回顾安全管理目标与策略，根据实际情况进行适时调整。此过程不仅包括对管理措施的评估，还应考虑到行业发展、技术进步、法律法规变更等因素的影响。通过灵活的管理策略，企业能够及时响应外部变化，保持安全管理的有效性与前瞻性。

在实施反馈与改进机制时，企业还需重视文化建设。安全管理不仅是一项技术性工作，更是一个文化和理念的塑造过程。企业应通过宣传与教育，提高全员对反馈与改进重要性的认识。安全文化的深化可以提升员工的参与积极性，鼓励他们主动参与到安全管理中来。只有当员工真正意识到自己的反馈能够直接影响到安全管理的改进时，他们才会更加积极地提出建议和意见。

反馈与改进机制的成功实施依赖于全员的共同参与。企业在推动安全管理的过程中，应当建立起上下沟通、横向协作的良好氛围。在这个氛围中，管理层与员工之间的信息流通将更加顺畅，安全隐患的识别与整改将更加高效。通过全员参与，企业能够在各个层面上形成强大的安全合力，使得安全管理工作更加扎实有效。

第七章 化工安全文化与员工安全意识提升

第一节 化工企业安全文化的重要性

一、价值观的体现

安全文化不仅仅是企业管理体系中的一部分,更是企业核心价值观与使命的重要体现。企业的安全文化从本质上反映了企业在面对风险时的态度、处理方式以及对员工、社会的责任承诺。它是企业文化的重要组成部分,贯穿于企业的各项活动之中,深刻影响着企业的运营模式、管理理念、决策方向和员工行为。

企业的核心价值观是企业长期发展的根基,它决定了企业在面对市场竞争、技术创新、员工管理等方面的取向与策略。良好的安全文化能够有效地落实这些价值观,成为企业文化的实际载体和实践保障。安全文化所强调的不是简单的风险防范或事故应急,而是让员工深刻理解安全管理的社会责任,使其成为企业日常运营的一部分,融入每一个决策、每一项工作流程和每一位员工的行为规范。

企业对员工的责任不仅仅是提供工作岗位和薪酬保障,更重要的是提供一个安全、健康的工作环境。在这一点上,安全文化表现出了企业对员工关怀与保护的深切关注。当企业在各项工作中将安全摆在优先位置时,不仅是从管理角度进行操作,更是在道德层面上展示了对员工的关怀。员工作为企业的重要组成部分,能够深刻感受到企业对其安全健康的重视。这种重视在员工内心深处形成了强烈的归属感和责任感,进而促使员工自觉地遵守安全规程,积极参与安全管理,营造一种内生的安全文化氛围。

企业的安全文化能够引导员工将个人安全意识与企业目标紧密相连，帮助员工建立起对安全的共同认知。当安全文化成为企业价值观的延伸时，它不仅影响员工在工作中的日常行为，还能够提升员工对企业发展的认同感和参与感。一个拥有良好安全文化的企业，往往能够激发员工的工作热情和创造力，提升员工的忠诚度和整体工作效率。在这种文化氛围中，员工不仅是安全管理的执行者，也是安全文化的积极倡导者和传播者。通过良好的安全文化，员工与企业之间建立了深厚的信任关系，企业在保障员工安全的同时，也能获得员工更高的敬业度和工作效率。

安全文化还代表着企业对社会的责任承诺。企业的生产活动不仅影响着企业内部的员工安全，还对周围环境、社区以及社会的安全产生深远影响。在现代社会，企业的社会责任逐渐成为公众评价企业形象和信誉的重要标准。安全文化作为企业履行社会责任的体现，能够通过内部管理的严格落实，确保企业活动的每个环节都能最大限度地减少对外部环境的负面影响。这不仅有助于企业树立良好的社会形象，也能够增强公众对企业的信任感和支持度。在这一层面上，安全文化展现了企业在保护员工安全的基础上，对社会的更广泛责任的承诺。

从企业管理的角度来看，良好的安全文化能够推动管理层在决策过程中更多地考虑长远利益和可持续发展。安全文化要求企业从根本上提高对安全的认知，不仅关注短期的生产效益或成本控制，更要注重员工健康与安全以及环境保护。通过将安全文化融入企业的战略规划和日常管理，企业能够实现安全管理的长效机制，提升企业的整体竞争力与市场适应力。

二、行为导向的影响

在化工企业中，安全文化的建设不仅仅是规范和制度的制定，更重要的是通过文化的力量，塑造和改变员工的行为习惯。行为导向的安全文化强调的是如何通过培养员工对安全的深刻理解和认同，使他们在工作中自觉遵循安全规程，并且在面对潜在风险时，能够主动采取措施，避免事故的发生。强大的安全文化能够通过潜移默化的方式，影响员工的日常行为，使他们从思想上、行动上都能够认同并践行企业的安全管理政策。

企业的安全政策和安全规程是保障员工生命安全、保护企业财产和环境免受损害的基础。然而，这些规章制度只有在员工心中生根发芽，并成为其行为的内在驱动力时，才能发挥最大的作用。因此，企业必须通过多种手段，将安全管理的理念和要求深刻融入员工的日常工作，形成一种行为导向的文化氛围，使得每一项安全政策和操作规范都能够成为员工的自觉行动。

行为导向的安全文化要求企业在安全管理中注重教育和培训的持续性。通过反复的教育和训练，员工不仅能够熟悉安全规程，更能够理解这些规程背后的科学性与必要性，使其在面对实际工作中的危险情境时，不再只是机械地遵守规则，而是能够从内心深处认同并自觉遵循。在这一过程中，员工的安全意识逐步从"被要求"转变为"自愿遵守"，安全规程不再是一个外在的约束，而是成为员工日常行为的一部分。

强大的安全文化能够通过不断地强化和巩固，影响员工在工作中做出正确的判断和决策。在复杂和高风险的化工环境中，员工常常需要在极短的时间内做出反应，这时，习惯性的安全行为和对安全规程的自觉遵守，便成了决定其是否能够有效应对风险的关键。行为导向的安全文化通过长期的培养，使员工在面对危险时能够迅速做出恰当的反应，不仅能够遵守安全操作规程，还能主动识别和规避潜在的危险源。

行为导向的安全文化还能够提高员工对安全风险的敏感度。在传统的安全管理模式中，员工往往仅依赖于外部的安全规程和上级指令，而忽视了主动识别和预防潜在安全隐患的责任。而在强大的安全文化的作用下，员工会逐渐培养出一种自我警觉的意识，能够主动发现工作中的不安全因素，并采取措施加以解决。这种行为上的转变，不仅增强了员工的安全素养，也推动了整个企业的安全管理水平向前发展。通过这样的文化导向，员工的行为不再是被动接受指令，而是积极参与企业的安全管理，形成自我管理的局面。

从企业角度来看，只有当安全文化深入人心，成为员工内化的行为习惯时，企业的安全管理才能达到预期的效果。企业不仅要制定严格的安全规章制度，还要通过培养员工的安全意识，使他们在潜意识中形成对安全的高度敏感。在这种文化氛围下，员工在面对任何潜在的危险时，都能自觉地采取正确的应对措施，不仅是为了遵守规章制度，更是出于对生命、对同事、对企业责任的深刻认同。随着这种安全行为的不断累积，企业的整体安全管理水平将得到显著提升，安全事故的发生率也将大大降低。

三、团队协作的促进

安全文化作为一种组织文化，它不仅仅是一套规范和制度的集合，更是一个深层次的价值体系，体现了企业对安全的高度重视。安全文化的建立需要每一位员工的共同参与和支持，而团队协作在这一过程中扮演了至关重要的角色。安全文化强调的是集体意识和合作精神，这与单纯依靠个体行为和单打独斗的工作方式存在本质区别。在安全管理中，团队协作不仅是提高工作效率的必要手段，更是保障企业安全的关键所在。通过团队内部的沟通与协作，企业能够更全面地识别潜在的安全风险，实施更有效的防控措施，最终推动企业安全生产水平的提升。

团队协作有助于构建一种基于信任和支持的工作环境。在这种环境中，员工之间形成了相互信任的关系，彼此之间不仅在技术和工作内容上支持对方，而且在安全意识和安全行为上形成共同的标准。信任是团队协作的基础，它促使员工在面临危险或挑战时，能够毫不犹豫地向同事寻求帮助或反馈自己的意见。在信任关系的推动下，员工们能够更开放地讨论工作中遇到的安全问题，无论是日常操作中的小问题，还是潜在的安全隐患，都能够在第一时间被提出来，确保及时处理而不被忽视或遗漏。信任能够消除沟通中的障碍，提升信息流动的效率，使得团队在面对问题时能够迅速做出反应，避免因信息不对称导致的安全风险。

安全文化强调团队的集体责任感，这种责任感并不依赖于个人的执行力和能力，而是通过团队的共同努力来实现。每个成员在团队中扮演着不同的角色，所有成员的安全行为和意识都会对团队整体的安全表现产生影响。团队成员之间的有效沟通变得至关重要。无论是日常的安全检查、设备的维护，还是突发的安全事件处理，团队内部的沟通都能确保各个环节之间的协同运作。通过团队的沟通，信息得以迅速传播和反馈，决策可以在团队内部达成共识，从而形成合力应对潜在的安全隐患。

除了信息流通的便捷外，团队协作还通过提升集体判断力和决策力，增强了员工对安全隐患的识别与应对能力。在团队中，每个成员的专业背景和工作经验有所不同，这种多样性在安全管理中能够发挥重要作用。在面对复杂的安全问题时，团队成员之间能够通过共享知识和经验，对问题进行多角度的分析，发现单个个体可能忽视的安全风险。通过集体的讨论和分析，团队可以提出更加全面和深入的解决方案，这不仅提高了问题解决的效率，也减少了由于个人判断失误或信息不足而带来的安全隐患。

帮助成员相互监督和约束也是团队协作在安全管理中的一项重要作用。在高风险行业中，个体可能在某些情况下因操作习惯或一时疏忽而忽视安全规定，而团队成员的存在则能起到警示和纠正作用。在一个良好的安全文化环境中，员工彼此之间的关系不仅仅是合作伙伴的关系，更是监督者和被监督者的关系。团队成员之间的相互监督并不意味着对个体行为的指责，而是通过积极的反馈和帮助，促使每一位员工始终保持高标准的安全操作。在这种监督机制下，员工们能够从他人处得到及时的提醒与指导，避免一些潜在的安全问题得到扩展。

团队协作还可以帮助企业在发生安全事件后进行有效的总结与改进。在事故发生后，团队成员可以通过集体回顾和反思，分析事故发生的原因，寻找不足之处，并提出改进措施。通过团队的力量，企业能够在发生事故之后更好地吸取教训，避免类似问题的重复发生。事故后的团队协作不仅是对当下问题的应对，更是对未来安全管理策略的优化。在团队的共同努力下，企业能够通过系统化的总结和不断改进，提升整体的安全管理水平。

第二节 员工安全意识的培养

一、培训与教育

在化工行业，安全管理始终是企业运营的核心内容。化工行业面临着各种潜在的安全风险，如何减少事故发生、保障员工的生命安全和企业的生产安全，成为企业管理者必须直面的问题。定期的安全培训和教育是提升员工安全意识、增强防范能力、有效防止安全事故发生的重要手段之一。

定期的安全培训与教育能帮助员工了解安全规程与标准。在化工生产过程中，各种生产环节都涉及一定的安全规范和操作标准，员工必须掌握这些基础性知识，才能在工作中遵循正确的操作步骤，避免由于操作失误而引发的安全隐患。通过系统的培训，员工可以清楚地了解不同岗位的安全操作要求，这不仅可以帮助他们提高操作技能，还能使其了解工作中可能遇到的各种潜在危险因素。科学的安全培训体系通常包括岗位操作安全规范、设备安全操作要求、工艺流程中的关键控制点等内容，员工通过这些知识的积累，可以在日常工作中加强自身的安全防范意识，从而减少人为错误的发生。

安全培训与教育能有效提高员工对潜在风险的识别能力。在化工生产过程中，许多安全事故并不是突发的，而是由于员工对潜在风险的忽视或未能及时发现安全隐患导致的。通过定期的安全教育，员工可以增强风险意识，了解工作中可能存在的各类危险，如有毒有害气体的泄漏、设备故障、火灾爆炸等问题。教育内容不仅包括如何识别这些风险，还涉及如何判断风险的等级以及如何采取应对措施。提高员工识别潜在危险的能力，能够让他们在工作中保持警觉，及时采取措施消除或减缓潜在风险，为企业的生产环境创造一个更加安全的氛围。

安全培训的一个核心目标是帮助员工掌握应急措施与处置技能。即便是最完善的安全管理体系，也无法完全消除所有的安全隐患。事故的发生往往是由于种种复杂因素的叠加，而如何应对突发事件，则是员工应具备的重要能力。应急响应培训包括对突发事故的反应时间、应急处置流程、救援设备的使用等内容。通过模拟演练等手段，员工可以熟练掌握应急操作流程，确保在发生火灾、泄漏等突发事件时，能够冷静处理，避免事故的扩展。定期进行应急演练不仅可以帮助员工熟悉处置程序，还能提高他们在突发事件中的临场应变能力，使员工在面对事故时，能够按照事先训练的流程进行操作，从而最大限度地降低事故的危害。

系统的安全培训还能帮助员工建立起安全行为的规范化意识。人是事故发生的一个关键因素，许多安全事故源于员工的不规范行为。因此，通过定期的培训，企业能够向员工传达正确的安全操作观念与行为标准，帮助他们树立起强烈的安全责任感。在安全培训中，企业应明确告知员工所有的安全规范和要求，帮助员工将这些规范落实到日常的工作行为中,从而减少因人为因素导致的安全问题。良好的安全行为习惯会在长期的实践中逐渐积累,使员工在工作中自觉遵循安全规范,而不是被动地接受安全要求。

除了规范性培训外,安全教育还应关注员工的心态和态度。安全管理的一个难点在于如何让员工从内心接受安全文化,并主动付诸行动。有效的培训与教育不仅仅是传授知识,更要引导员工树立正确的安全价值观,增强他们的安全意识。企业应通过定期的教育活动,强化员工的安全责任感,促使其在日常工作中自觉关注和报告潜在的安全隐患,确保每个员工都成为安全管理的积极参与者。

二、实操演练

在化工行业,安全操作的规范性直接关系到企业的生产安全和员工的生命安全。为确保员工能够熟练掌握应对危险的技能并在紧急情况下做出正确反应,实操演练成为安全培训中不可或缺的一部分。通过模拟演练和实操训练,员工不仅能在安全的环境中体验实际操作,还能在情境中加深对安全规程的理解,提升其应急处置能力。

实操演练是将理论知识转化为实际能力的有效途径。在传统的安全培训中,员工可能通过讲座或观看视频来学习安全规程和操作流程。然而,这种方式往往局限于知识的传递,缺乏对实际操作的体验。通过实操演练,员工能够在模拟的环境中亲自进行操作,使其掌握的安全知识得以检验和验证。通过与实际工作环境的接轨,员工能够更加深入地理解安全操作的必要性及其执行过程。

实操演练能够增强员工对突发事故的应对能力。在化工企业中,事故的发生通常是突如其来的,涉及多种复杂因素。员工在紧急情况下如何迅速判断形势、采取有效措施,是考量其应急能力的重要标准。通过定期的实操演练,员工能够在模拟事故情境中反复演练应急反应流程,了解不同情况的应对策略。这种训练帮助员工在面对真实事故时,能迅速回忆起应急程序并准确执行,最大限度地减轻事故的损害。

实操演练提高了员工的决策能力和团队协作意识。安全管理不仅仅是单个员工的责任,它要求全员共同配合,确保整个生产流程的安全。在演练中,员工需要在模拟的紧急情境下快速做出决策,并与其他同事紧密合作以解决问题。通过团队合作,员工能够深刻体会到集体力量在应对突发事件中的重要性,培养协同作战的能力。在一些涉及多部门协调的演练中,员工能够在不同的角色和任务之间灵活转换,理解整个安全管理体系的运作流程。这种跨部门的协作训练,能够帮助员工在实际操作中更加高效地沟通和合作,确保信息及时传递,减少因误解或沟通不畅带来的潜在风险。

实操演练对员工安全行为习惯的培养也起到了至关重要的作用。人在面对压力时,往往依赖于习惯性的反应,而这种反应常常是无意识的。在紧急情况下,员工是否能够按照规范的程序迅速行动,往往取决于他们是否具备了正确的安全操作习惯。通过实操演练,员工可以在反复练习中将安全行为固化成自动化的反应模式。这种通过模拟演练培养出来的安全习惯,能够在真实事故发生时,帮助员工自然而然地做出正确的反应。并且,实操演练能够持续跟踪员工的操作表现,及时发现其操作中的不足之处,进行有针对性的改进和纠正。

实操演练不仅仅是为了应对危机,它还可以作为企业持续改进安全管理体系的一种重要手段。通过演练过程中对事故情境的再现,企业能够发现现有安全管理体系中的漏洞或不足。比如,在演练过程中,员工可能暴露出某些流程中的操作不规范,或者在处理某一环节时缺乏效率。这些问题可以通过演练得到及时反馈,从而为安全管理制度的完善提供依据。企业可以依据演练中的问题进行安全流程的调整,优化应急方案,并为今后的演练提供改进的方向。

通过模拟演练,企业不仅能够检测员工的应急能力和操作水平,还能检验安全管理体系在突发事件中的应变能力。演练的真实性和实效性对提高员工对安全管理制度的信任和执行力有着重要作用。员工在模拟演练中逐渐掌握应急处理流程,也能够在实际工作中更加自信地面对复杂的安全问题。

第三节　安全文化建设的措施与激励机制

一、明确的安全目标

在现代化工企业的管理体系中，安全目标的设定至关重要。明确的安全目标不仅是安全管理的方向性指南，也是衡量安全工作成效的重要标准。企业在进行安全目标设定时，必须紧密结合自身的生产流程、管理水平以及行业标准，确保目标的可行性、具体性与长期性。将安全目标与整体业务战略相结合，能够确保安全管理工作与企业的长期发展目标同步推进，从而形成全员参与、安全优先的良好局面。

安全目标需要具备明确性和可衡量性。模糊不清的安全目标往往无法提供有效的指导作用，无法激励员工朝着正确的方向努力。安全目标的制定必须具备明确的方向和具体的量化指标，以便员工能够清晰地了解自己在安全工作中的任务和责任。这些量化指标可以包括事故发生频率、隐患排查率、员工安全培训覆盖率等，通过这些具体的数字化目标，员工可以直观地感知安全工作的进展和成效。这不仅有助于员工理解安全管理的重点，也能增强他们对安全工作的重视和参与度。

安全目标应当与企业的整体战略高度契合。一个良好的安全目标不是单独存在的，它需要嵌入企业的战略管理框架中，成为推动企业健康发展的核心部分。企业在制定安全目标时，不能把安全目标与生产效率或经济利益对立起来，而应当考虑如何在确保安全的基础上提升生产力和降低风险。例如，企业的生产目标、质量目标和安全目标之间应该相互协调，形成一个紧密联系的整体。安全目标的成功达成，能够为企业的长期稳步发展奠定坚实的基础，促进企业在保障员工健康与环境安全的前提下，达成生产和市场竞争力的提升。

在制定安全目标时，企业应注重目标的系统性与层次性。安全目标不仅仅是企业层面的总目标，还应当延伸到各个部门和员工个体，确保每一层级的目标都能为实现总体安全目标做出贡献。这意味着，企业不仅要为整体安全目标设定具体的量化标准,还要在各个生产部门、技术岗位、管理岗位之间分解目标,使每个岗位的员工能够明确自身的责任和任务。这种层次化、系统化的目标分解能够确保安全管理不流于形式,而是深入每个操作环节、每个管理层级中,形成全员参与的安全管理体系。

明确的安全目标有助于持续的改进与反馈。安全目标的设定不仅仅是为了达成某一时点的安全水平,更重要的是通过目标的持续推进,不断发现和解决潜在的安全隐患。在安全目标的执行过程中,企业能够及时评估目标完成情况,发现实际工作与目标之间的差距,并根据评估结果调整管理措施。这一过程不仅为安全管理提供了明确的工作重点,也为企业安全管理体系的优化和调整提供了重要依据。通过不断地总结经验和进行目标调整,企业能够实现安全管理的动态优化,推动整体安全水平不断提高。

明确的安全目标还具有强大的激励作用。当员工了解并认同安全目标时,他们能够自发地将安全工作融入日常工作,从而主动参与到安全管理的各个环节中。安全目标的明确性和量化性使得员工能够感知到自己的工作成果与整体安全目标之间的关系。员工通过对安全目标的执行,能够看到自身工作在保障安全方面的实际效果,这种成就感能够有效激发员工的积极性和责任心,增强他们的安全意识。

在实施安全目标的过程中,企业还应注重目标达成后的奖励机制。对达成或超额完成安全目标的员工或团队进行适当的奖励,不仅能够激励他们继续保持良好的安全工作状态,还能通过榜样的力量,带动其他员工向优秀员工看齐。奖励机制的建立,不仅有助于提高员工的安全意识,还能够为企业的安全管理工作提供源源不断的动力。

二、资源支持

在化工行业中,安全管理是一项涉及多个方面的复杂任务,涉及从生产环节、施工过程到设备运维、应急响应等各个领域。要确保安全管理措施的落实,仅仅依靠制度和培训是不够的,还需要企业提供足够的资源支持。这些资源包括人力、物力和财力,它们是推动安全管理落地、确保员工能够执行安全规程的关键。

人力资源是安全管理的核心组成部分。在企业的安全管理体系中，人力资源不仅包括专业的安全管理人员，还涵盖了所有直接或间接参与安全管理的员工。每一位员工都需要在工作中贯彻安全管理理念，而这些员工的安全意识、工作技能和职责分工必须通过企业的有效培训与管理来提升与完善。企业需要确保有足够数量的专业人员来负责安全管理和监督，包括安全工程师、环境监控人员、安全培训人员等。此外，企业还应通过有效的人力资源配置，确保各岗位上的员工都能理解安全管理的相关要求，并能够在实际操作中贯彻执行。

物力资源对于安全管理的实施起着基础性作用。化工企业的安全管理不仅仅是纸面上的规定，还需要有相应的设备、设施和工具作为支撑。现代化的安全管理系统，往往依赖于各种高科技设备，如安全监测系统、报警装置、应急救援设备等。这些设备的配置和运行，要求企业投入足够的物力资源进行采购、维护和升级。例如，在化工生产过程中，气体泄漏报警系统、火灾自动灭火系统、应急防护装备等设备都是确保员工安全的重要工具，企业必须确保这些设备始终处于正常运作状态。与此同时，企业还需要确保生产设施、工作环境的安全性，这包括对厂区设施、实验室、仓储设施等进行常规性检查和维护，确保它们符合安全管理的要求。物力资源的保障，能够确保每一个安全环节都有足够的设备支持，以防止安全隐患的发生。

财力支持是安全管理得以顺利实施的重要保障。任何一项安全管理措施的落地，都离不开财力的支撑。无论是进行安全设备的购买与更新，还是组织员工培训与演练，抑或是实施高标准的安全设施建设，都需要相应的资金投入。企业需要将安全管理纳入长期战略规划，确保足够的资金流向安全管理领域。例如，在进行安全文化建设时，企业不仅需要支付培训、活动等费用，还需要为员工提供安全激励和奖励机制，以调动他们的积极性。财力支持还体现在应急准备和事故处理的资金储备上。化工企业往往面临较大的安全风险，若发生事故，事故处理和后续恢复工作将消耗大量资金。

资源支持的关键还在于企业管理层的决策和推动。企业的高层管理者必须认识到安全管理的重要性，将其作为企业发展的基础保障之一。无论是人力、物力，还是财力，企业高层必须从战略高度给予重视，并落实到具体的管理和运营中。

安全管理的资源投入，绝不仅仅是应付安全检查或符合法规要求，更是企业可持续发展的一部分。企业需要持续投入资源，不断优化安全管理体系，完善事故应急预案，并定期进行评估和调整。

三、安全奖励机制

安全奖励机制是推动企业安全文化建设的重要手段之一。对员工在安全方面的积极表现给予激励，不仅能增强员工的安全责任感，还能有效促进企业内部的安全管理水平提升。建立一个科学合理的安全奖励机制，能够激发员工在工作中时刻保持警觉，遵循安全规程，并主动参与到安全管理和隐患排查中，为企业的整体安全生产提供有力保障。

安全奖励机制的核心目标在于通过正向激励来提升员工的安全意识，形成全员关注安全、主动参与安全管理的良好氛围。在日常生产过程中，员工可能会面临各种安全风险，若企业能够通过有效的奖励机制让员工认识到安全行为的价值，员工便会在潜意识中将安全放在优先考虑的位置。安全奖励机制通过奖励制度使员工深刻感受到自身的安全行为得到认可，这种认同感和自豪感在一定程度上能够转化为行为动力，从而增强员工的安全行为和防范意识。

安全奖励机制的设计要具备多样性与公平性。不同岗位的员工在安全管理中的角色和责任不同，奖励的标准和方式也应根据岗位的差异进行灵活设定。在奖励设计上，不仅要关注员工个体的安全表现，也要考虑团队的集体安全成果。设立如"安全之星""优秀安全团队"等奖励形式，能够在集体和个体之间形成互补的激励效果。个体奖励侧重于表彰在安全生产中做出突出贡献的员工，而团队奖励则强调合作和共同目标的达成，激励团队之间相互配合、协作共赢。公平性则是奖励机制设计中的关键要素，企业在制定奖励标准时应确保所有员工都在同等条件下参与评选，防止因偏袒或不公平造成员工的不满和消极情绪。

安全奖励机制应具有透明度和可操作性。企业需要建立一套明确的评选流程和标准，确保奖励的评定过程公开、公正。员工在参与安全行为管理时，能够清楚地了解自己在安全表现方面的具体要求以及如何通过努力获得奖励。这不仅能够增强员工参与奖励评选的积极性，也能有效避免因评选过程的不透明而引发的质疑和争议。因此，企业应当制定清晰的评定标准，明确各类安全行为的具体表现，包括但不限于无事故记录、参与安全培训、提出安全改进建议、成功完成安全检查等。评选结果应定期公布，确保每位员工都能够看到自己和同事们的安全表现，从而形成竞争与合作并存的良性循环。

安全奖励机制的激励效果还依赖于奖励的多样性与激励手段的创新。除了传统的物质奖励外，非物质奖励如荣誉、表彰和晋升等同样能够激发员工的积极性。表彰员工在企业内部的突出安全表现，不仅能提升员工的荣誉感和自尊心，还能在全体员工中树立良好的榜样作用，推动安全文化的渗透。物质奖励可以通过现金、礼品或其他形式的奖励来体现，通常可以激发员工短期内的积极性，但如果只依赖于物质激励，可能会导致员工的动机仅仅集中在获得奖励本身，而忽视了长期的安全行为规范。因此，企业应当将物质奖励与精神奖励相结合，确保激励的全面性与持久性。

安全奖励机制不仅包括奖励那些完成安全任务的员工，它还应对创新和改进的行为给予重视。企业可以设立专项奖励，对那些提出创新性安全建议、解决了安全管理难题的员工进行奖励。这类奖励能够鼓励员工在日常工作中保持对安全管理的高度关注，并激发其不断思考如何提高工作环境中的安全水平。这种以创新为导向的奖励方式，不仅有助于发现潜在的安全隐患，也能够在日常工作中积累更多改进经验，促进企业在安全管理方面的持续优化。

安全奖励机制应与企业的整体安全管理体系紧密结合。在构建奖励机制时，企业需要充分考虑其与其他安全管理措施的协同效应。比如，企业应将安全奖励机制与安全绩效考核相结合，在员工绩效评估中体现安全表现的权重，形成奖惩分明、奖优罚劣的激励模式。同时，奖励机制的实施应根据企业的安全生产目标、年度工作重点以及安全管理工作中出现的难点来不断调整和优化，确保奖励措施能够及时响应企业安全生产形势的变化。

第四节　安全文化在事故预防中的作用

一、风险识别与控制

在化工行业中，风险识别与控制是安全管理的核心内容之一。在化工企业的生产过程中，存在大量潜在的危险和不确定因素，这些因素可能源自操作不当、设备故障、环境变化等多种原因。由于化工生产的特殊性，许多危险因素往往在初期不易被察觉，因此有效的风险识别与控制对于预防事故和保障员工生命安全至关重要。强大的安全文化在这一过程中起到了至关重要的作用，它能够促使员工对工作环境中的各类风险保持高度敏感，及时发现潜在的安全隐患并采取适当的控制措施，从而减少事故发生的概率。

企业的安全文化建设能够激发员工的安全意识，形成全员参与的良好局面。通过安全文化的深入植入，员工不仅能在日常工作中自觉遵守安全操作规程，还能够增强其对工作环境中潜在风险的警觉性。安全文化使员工认识到，每个人都是风险管理的参与者和责任人，只有全体员工在各自岗位上保持警惕，才能有效预防事故的发生。在这种文化氛围中，员工逐渐培养出识别和处理安全风险的能力，尤其是在生产环节和设备运行过程中，他们能够主动发现潜在隐患，并及时采取行动加以控制。

风险识别是一个系统性的过程，不仅仅是对明显危害的发现，更是对不易察觉的潜在问题的预测。员工在具备强烈的安全意识和文化支持下，能够对工作中各类操作进行全方位的风险评估。在操作设备、处理化学品或参与管理生产线时，员工能够细致观察、分析和判断，识别出潜在的风险源。此时，安全文化的重要作用不仅仅体现在提升员工的意识层面，更在于通过培训、演练等手段，确保员工对工作中的每一个环节都能进行科学的风险评估。安全文化能够使员工深入理解风险管理的要求，培养他们在面临不同工作情境时做出判断并及时报告风险的能力。

在化工行业，很多风险往往是隐性或渐进的，具有较强的潜在性和隐蔽性。

例如，设备老化、操作不规范、环境污染等因素都可能在长时间的生产过程中积累风险，但由于缺乏及时的识别和反馈，这些风险有时难以及时暴露。安全文化的建设通过引导员工在日常工作中持续关注、定期检查、及时反馈和报告，形成了风险防控的第一道防线。安全文化能够激发员工对细节的关注，使他们在执行日常工作时，习惯性地进行细致入微的风险分析，而不是仅仅局限于按照传统流程进行操作。这种预见性思维和态度，往往能在最初阶段及时发现潜在问题，避免了问题的恶化和扩展。

安全文化还能够有效促使企业建立完善的风险管理机制。化工企业的安全管理体系需要不断完善和调整，以适应不断变化的生产环境和技术发展。企业通过强化安全文化的建设，能够使全体员工在识别风险的过程中更加科学和系统，尤其是在技术日新月异的今天，新的风险隐患不断出现，企业需要及时调整管理措施和技术手段。企业的高层管理者通过安全文化的推动，可以及时发现管理制度中存在的漏洞和不足，及时调整和优化制度，使企业的风险防控体系保持先进性和适应性。

强大的安全文化能够帮助企业在制定控制措施时，更多地考虑到员工的心理感受和参与度。很多时候，控制措施的效果与员工的接受度和执行力度密切相关。安全文化的建设使员工认识到每一项安全措施背后的重要性，从而增强他们执行安全控制措施的自觉性。例如，当生产过程中出现潜在的安全隐患时，员工能够主动报告并配合管理部门进行问题处理，而不是等待上级指令或依赖外部力量。这种主观能动性和积极性，确保了企业能够在第一时间内有效控制风险，防止隐患转化为实际事故。

安全文化不仅仅在日常的风险识别和控制中发挥作用，它还能够帮助企业在应急情况下保持冷静和高效。对于化工企业而言，某些风险具有不可预见性和突发性，一旦发生，可能导致严重的事故。在这种情况下，安全文化通过培养员工的应急响应能力，使他们在面对突发事件时能够迅速而有效地采取行动。员工基于强大的安全文化背景，能够迅速进入应急状态，执行预定的应急预案，减少人员伤亡和财产损失。

二、事故应急响应

事故应急响应是化工企业安全管理中的关键环节，其目的是在事故发生时通过迅速、有效的处理，最大限度地减少事故对人员、设备和环境的危害。良好的安全文化在这一过程中发挥着至关重要的作用，它通过增强员工的安全意识、提高应急反应能力，为企业应对突发事件提供坚实的保障。企业如果能够在安全文化中深入贯彻应急响应的理念，确保员工在面对紧急情况时能够冷静、迅速地做出正确的判断和反应，就能够有效避免或减轻事故带来的严重后果。

良好的安全文化能够在企业内部建立起一种高度重视安全和应急响应的氛围。当安全文化根深蒂固时，员工在日常工作中自然会培养出一种时刻关注潜在风险的意识。尤其是在面对突发事件时，这种意识能够引导员工保持冷静，并遵循既定的应急预案和操作规程。相反，如果企业的安全文化薄弱，员工的安全意识和应急反应能力可能会受到影响，从而导致事故发生时的应急响应不及时或无效。

良好的安全文化能够为员工提供充足的应急培训和演练，使他们在面对紧急情况时不至于手忙脚乱。应急响应的关键在于预判和准备，只有通过定期的培训和模拟演练，员工才能够熟悉应急预案中的具体操作步骤，做到反应迅速且准确。训练有素的员工在面对事故时能够快速识别出问题的本质，判断出最佳的处置方案，从而减少事故扩展的可能性。安全文化在这一过程中起到了激励和推动作用，使员工主动参与到各种应急训练中，进一步提升了应急响应的效率和质量。

良好的安全文化有助于提升企业的组织协调能力。在突发事件发生时，应急响应不仅仅依赖于单个员工的反应，还需要团队的协作与配合。一个健全的安全文化能够促进员工之间的信任和沟通，使他们在事故发生后能够迅速协调、有效合作。无论是领导层的决策，还是一线员工的执行，良好的团队协作都是确保应急响应成功的关键。安全文化的建设能够帮助员工形成良好的沟通机制，确保信息传递的及时性和准确性，为事故的迅速处置提供支持。

安全文化还能够促进企业形成完善的应急管理体系。应急响应不仅仅是单纯的操作行为，更是一个系统化、规范化的管理过程。企业应根据不同类型的事故，制定详尽的应急预案，并确保预案的有效性和可操作性。安全文化能够为这一体系的形成提供思想指导和文化支持，使员工深刻理解每一项应急预案背后的目的和意义，增强其在突发事件中的执行力。在此基础上，企业能够实现对应急响应资源的合理配置，包括人员、设备、物资等，以确保在事故发生时能够快速调配，最大限度地减少损失。

应急响应不仅仅是对突发事件的直接处置，它还包括事故后期的恢复和改进。良好的安全文化能够在事故发生后，促使员工及时总结经验教训，并为未来的应急响应做出改进。每一次事故的应对过程，都是对应急管理体系的一次检验。企业在事故处理后的复盘过程中，能够发现不足之处，及时修订和完善应急预案，以提升未来的应急响应能力。同时，员工在参与事故处理和总结过程中，不仅能够提升个人的应急能力，还能够通过对安全文化的认同，增强其对企业整体安全管理体系的信任感和参与感。

三、整体安全氛围的营造

在化工企业中，整体安全氛围的营造是确保长期稳定、安全生产的关键。一个强有力的安全氛围不仅能增强员工的安全意识，推动全员参与安全管理，还能够有效预防和控制潜在的安全风险。这种氛围的构建不仅仅依赖于政策和规定的落实，更需要从企业文化的深层次出发，通过全员的共同努力，在企业的各个层面、各个环节上贯穿安全理念。

安全氛围的营造从企业的管理层开始，领导层应当为安全文化的推动提供充分的支持。企业的高层管理人员通过明确表达对安全的重视，将安全作为企业发展的重要组成部分，形成一个自上而下的安全导向。管理层的言行举止会直接影响到员工的行为和态度。如果领导层将安全作为企业文化的核心，倡导安全第一的理念，员工在日常工作中自然会把安全放在优先位置。领导者应当以身作则，亲自参与到安全活动中，树立良好的榜样。这种示范作用能够激励员工自觉地将安全文化融入工作中，从而创造出一种安全重于一切的氛围。

安全氛围的营造需要通过完善的制度和流程来保障。在企业内部建立完善的安全管理体系和标准操作程序，并确保每一位员工都清楚地了解和遵守这些规定，是营造良好安全氛围的基础。安全制度的有效实施需要从上至下、从部门到员工的全面覆盖，确保每一个环节、每一个操作都严格按照规范执行。此外，制度执行的监督和反馈机制也非常重要。企业通过定期的安全检查、审计以及员工的参与，发现潜在的安全隐患并及时进行整改，从而不断优化安全管理体系，形成良好的安全氛围。

在日常管理中，企业要加强员工的安全培训与教育来强化整体安全氛围。员工的安全意识直接影响到企业整体安全文化的效果。因此，持续的安全培训和教育至关重要。定期开展安全知识讲座、应急演练、危险化学品安全管理等多样化的培训方式，不仅可以帮助员工掌握必要的安全技能和知识，还能够通过互动交流的方式激发员工对安全工作的重视与投入。此外，企业还可以通过安全主题活动、宣传栏等形式不断加强员工对安全问题的认知，将安全文化深深植根于每位员工心中。

安全氛围的营造还离不开鼓励全员参与的机制。一个健康、安全的工作环境离不开每一位员工的积极参与和共同努力。企业应当营造一个开放、包容的环境，鼓励员工在日常工作中提出安全改进意见，参与安全管理决策。员工不仅是安全制度的执行者，还是安全管理的监督者和参与者。在安全管理中引入员工的参与，能够激发其安全责任感，提高对工作环境的关注度，从而使员工更加主动地发现和解决安全隐患，防范潜在的安全风险。

企业应当积极建设安全文化，通过多渠道、多形式的宣传来普及安全理念，强化员工的安全意识。通过安全海报、标语、电子屏幕、企业内部刊物等形式，企业可以广泛传播安全理念和实践经验，时刻提醒员工将安全视为首要任务。这些宣传不仅有助于增强员工的安全意识，还能够在潜移默化中培养员工的安全文化素养，使安全成为一种自觉的行动方式。

要营造整体安全氛围，企业还应当特别关注员工的心理状态与情绪管理。员工的心理健康与安全意识息息相关。当员工感受到企业对其个人安全的关怀时，心理上的安全感能够转化为对工作的积极投入，进而形成良好的安全文化氛围。企业应当通过建立和谐的工作环境、关注员工的心理需求、提供支持性心理服务等方式，减少员工的焦虑情绪和压力，增强其对安全管理工作的信任感和支持度。

安全氛围的营造是一项持续性的工作，需要通过不断的评估和改进来保持其有效性。企业应定期评估安全文化建设的效果，通过员工反馈、事故统计数据、日常检查等途径了解安全氛围的现状，并根据评估结果进行调整和优化。只有通过持续的投入与努力，才能确保安全氛围始终处于最佳状态，进而有效防范安全事故的发生。

整体安全氛围的构建是一个系统工程，它需要企业在各个层面共同发力，通过管理、培训、文化建设等手段，全面提升员工的安全意识和自我保护能力。只有在这样的氛围中，员工才能真正认识到安全的重要性，主动为企业的安全管理贡献力量，形成全员参与、人人关注安全的良好局面，从而有效预防和控制各类安全风险，推动企业健康、持续地发展。

第八章 双重预防体系建设

第一节 双重预防体系的概念与作用

一、定义与结构

双重预防体系是现代安全管理的重要理念,旨在通过对潜在安全风险的全面识别与隐患的系统排查,建立一套科学、系统化的安全管理机制,以有效地预防事故的发生。这一体系的核心在于将风险评估与隐患治理紧密结合,从源头上识别和控制安全风险,确保企业在日常运营中能够实现高效的安全管理。

双重预防体系的结构可分为几个关键部分。首先是风险评估环节,这一环节主要针对企业内各类作业过程、设备设施、生产环境以及相关人员进行全面的风险识别和评估。通过系统的分析和评判,企业能够发现潜在的安全风险,并对其进行优先级排序,以便制定相应的控制措施。风险评估不仅需要对已有的数据进行分析,还需要结合专家的意见和相关的安全标准,对潜在风险进行全面的考量。

隐患治理环节也是双重预防体系的重要部分。在经过风险评估后,企业需针对识别出的隐患制定详细的治理方案。这些方案应当包括隐患整改的具体措施、责任人的明确分配、整改的时限要求以及相应的验收标准。隐患治理不仅要关注物理设施的改进,也要重视管理制度的完善和员工安全意识的提升。在这一环节中,企业应当建立完善的隐患排查机制,确保所有隐患都能被及时发现并得到有效处理。

双重预防体系还强调风险管理的动态性与持续性。在实施过程中,企业需定期对风险评估与隐患治理的效果进行监测和评估，以确保所采取的措施能够有效降低安全风险。通过建立反馈机制，企业能够及时调整和优化安全管理策略，确保安全管理体系始终保持高效运作。这种动态的管理方式，使得企业能够在面临变化的生产环境和新出现的安全风险时，快速做出反应，及时调整管理策略。

在双重预防体系的实施中，组织结构和职责分工至关重要。企业应当建立专门的安全管理机构，负责协调和推进双重预防体系的实施。同时，各部门应明确安全管理的责任，确保每位员工都能在自己的岗位上为安全管理贡献力量。通过建立多层次的安全管理责任制，企业能够实现从高层管理到基层员工的全员参与，形成合力，共同推进安全管理工作。

员工的参与和培训是双重预防体系成功实施的重要保障。企业需要通过系统的培训，使员工了解安全风险的识别和隐患的治理方法，增强其安全意识和责任感。通过提升员工的安全素养，企业能够在源头上减少因人为因素造成的安全隐患。在这一过程中，企业还可以鼓励员工提出安全改进建议，形成良好的安全文化氛围，使得安全管理工作更加深入人心。

为了确保双重预防体系的有效运作，企业还应利用现代科技手段，如信息管理系统和数据分析工具，对安全管理过程进行监控和分析。通过数据的收集和分析，企业能够更直观地识别安全风险和隐患，为决策提供科学依据。此外，现代信息技术的应用还可以提高隐患排查和整改的效率，使企业能够在安全管理中实现智能化转型。

双重预防体系作为一项系统化的安全管理机制，通过风险评估与隐患治理的有机结合，为企业提供了一个科学、有效的安全管理框架。在这一体系中，风险的识别与控制、隐患的排查与治理、员工的参与和培训，以及现代科技的应用，都是不可或缺的要素。通过全面落实双重预防体系，企业能够在源头上减少安全隐患，降低事故发生的概率，保障员工的生命安全和企业的可持续发展。这一体系的成功实施不仅需要企业内部的努力，也需要政府、行业及社会各界的支持与合作，共同为创建安全的生产环境而努力。

二、降低事故发生率

降低事故发生率是化工企业安全管理中的重要目标。为了实现这一目标，实施双重预防体系成为一种有效的管理策略。该体系的核心在于通过系统的方法识别和控制潜在的安全风险，从而在根本上减少事故的发生。

双重预防体系包括风险识别与控制两个方面。在风险识别阶段，企业需进行全面的风险评估。这一过程涉及对各类潜在危险的系统分析，识别出可能导致事故的各种因素。这些因素不仅包括操作过程中的技术性隐患，还涵盖人的因素、环境因素以及设备老化等。在这个阶段，采用现代化的分析工具和方法，能够帮助企业更加精确地识别出潜在的安全风险。

风险控制也是双重预防体系的一个重要环节。识别出风险后，企业需制定相应的控制措施，以降低风险发生的可能性。这些控制措施应当基于风险的特性，分为工程控制、管理控制和个人防护等多个层面。在工程控制方面，企业可以通过改进工艺流程、优化设备设计、引入新技术来消除或减少危险。此外，管理控制则包括制定和完善操作规程、加强安全培训、提升员工的安全意识，以确保每位员工都能在其岗位上有效地执行安全措施。

个人防护措施是风险控制的重要补充，确保员工在面对不可避免的风险时，能够获得必要的保护。这些措施不仅包括佩戴合适的防护装备，还应包括提供安全的工作环境、定期进行健康检查等，以最大限度地保障员工的安全与健康。

建立持续改进的机制也是实施双重预防体系的关键环节。企业应定期对风险识别与控制的效果进行评估，通过数据分析和反馈，不断优化管理措施。这种反馈机制有助于及时发现控制措施的不足，确保企业在面对新出现的风险时，能够快速做出反应并调整应对策略。

企业文化在降低事故发生率方面也不可或缺。良好的安全文化能够增强员工的安全意识，使其在工作中自觉遵循安全规程。通过营造开放的沟通氛围，员工可以积极分享对安全隐患的发现和建议，这种互动能够有效促进安全信息的流通，从而更早地识别和控制潜在的风险。

在实施双重预防体系的过程中，企业还应注重与外部机构的合作。这包括与行业协会、学术机构以及相关政府部门的合作，分享安全管理和实践经验，提升整体安全管理水平。通过这种跨界合作，企业不仅能够获得最新的安全管理信息，还能借鉴其他企业在风险控制方面的成功经验，进一步完善自身的安全管理体系。

持续的培训与教育是双重预防体系成功实施的保障。企业应为员工提供系统的安全培训，使其了解潜在的安全风险及相应的防范措施。培训不仅应涵盖新员工的入职培训，还应定期为在职员工提供继续教育，以确保所有员工的安全意识与技能始终保持在最佳状态。

通过以上多维度的努力，实施双重预防体系将有效降低事故发生率，提升企业的整体安全水平。实现安全管理的目标不仅仅是减少事故，更是创造一个安全、高效的工作环境，让每位员工都能在安心的氛围中发挥其最大潜力。这样的环境不仅提升了员工的工作效率，更增强了企业的竞争力，为企业的可持续发展奠定了坚实的基础。在这个过程中，企业需要持续关注安全管理的动态变化，灵活调整策略，以适应日益复杂的安全挑战。

三、促进安全文化建设

在化工行业，安全文化的建设是实现安全管理目标的重要组成部分。与单纯的技术措施不同，安全文化关注的是人、组织和环境之间的互动关系，强调安全不仅是企业的责任，更是每位员工的义务。通过全员参与的方式，企业能够有效提升安全管理水平，促进员工对安全的认同感和责任感，从而形成一个积极的安全文化氛围。

安全文化的建设需要明确的目标和方向。企业应制定长远的安全文化发展规划，以安全为核心价值观，贯穿于所有的管理和运营活动中。这一目标不仅需要领导层的支持与推动，更需要在每一个层级的员工中深入人心。通过明确的安全愿景和价值观，企业能够在员工中培养共同的安全信仰，形成一致的行为规范。这种共同的信仰使得每位员工在面对安全问题时，能够自觉遵循企业的安全政策，从而降低安全风险。

企业应建立系统的培训与教育机制，确保员工在安全文化方面的认知与能力不断提升。安全文化的核心在于人，只有当员工真正理解安全的重要性，并具备相应的安全知识和技能时，才能在实际工作中有效践行安全文化。因此，系统的培训不仅要包括基本的安全知识，还应涵盖风险评估、隐患排查及应急处理等方面的内容。通过多样化的培训形式，如课堂讲授、现场演练和模拟实操，员工的安全意识将得到显著提高，从而形成一个全员参与的良好局面。

全员参与是安全文化建设的重要原则。企业应鼓励每位员工在日常工作中主动识别安全隐患，提出改进建议。通过设立意见反馈机制，员工的声音能够被及时采纳，这不仅增强了员工的参与感和主人翁意识，也为企业的安全管理提供了更多的视角与建议。员工参与隐患排查与风险评估的过程，有助于他们更深入地理解安全管理的实际运作，进而提高其安全意识和责任感。这种参与并不局限于表面的活动，更应鼓励员工将安全理念融入日常工作之中，以实际行动践行安全文化。

企业在推动安全文化建设时，还需注重激励机制的设立。合理的激励措施，可以有效激发员工的积极性与创造性。激励可以是物质上的奖励，还可以是精神层面的认可。企业可以通过评选"安全之星"或"最佳安全团队"等方式，鼓励员工在安全方面的卓越表现。这样的激励机制不仅提升了员工的安全参与度，也在企业内形成了良好的安全竞争氛围，使得安全文化深入人心。

在安全文化建设过程中，企业还应建立有效的沟通渠道，促进信息的透明和共享。安全文化的良好氛围需要通过良好的沟通来维系。定期召开安全文化建设会议，分享安全管理中的成功经验和教训，能够增强员工对安全问题的敏感性和责任感。此外，建立安全信息共享平台，确保员工能够及时获取最新的安全资讯，也有助于提升整体的安全文化水平。通过信息的透明化，员工能够更清晰地了解企业的安全管理动态，增强对安全文化建设的认同感。

安全文化的建设并不限于员工内部的参与，还需积极关注外部环境的变化与影响。随着技术的进步和市场环境的变化，企业的安全管理面临新的挑战。在这种情况下，企业应持续关注行业动态，学习先进的安全管理理念和经验，适时调整自身的安全文化建设策略。这种外部视角的引入，有助于企业在安全管理上保持活力与创新，进而提升整体的安全文化水平。

安全文化的建设是一个持续的过程,需要企业在日常管理中不断强化和改善。安全文化的真正内化需要坚持,企业应定期评估安全文化建设的成效,发现问题并及时进行调整与改进。通过持续的反馈与评估,企业能够不断优化安全文化建设的路径,确保安全管理工作不断向前发展。

四、提升应急响应能力

提升应急响应能力是化工企业安全管理中至关重要的一环。随着化工行业的不断发展,潜在的安全风险和环境隐患也日益增多,企业必须具备高效的应急响应机制,以应对可能发生的突发事件。双重预防体系的建设为这一目标的实现提供了重要支持。通过系统化的风险评估和严谨的安全管理措施,企业能够建立起全面的应急管理框架,确保在危机发生时快速有效地做出反应。

提升应急响应能力的核心在于建立完善的应急预案。这些预案不仅需要涵盖各种可能的突发事件,还应详细描述应对措施、责任分工及资源配置等关键环节。通过制定科学合理的应急预案,企业能够确保在紧急情况下快速调动所需资源,从而实现迅速响应。预案的定期审查与更新也至关重要。随着企业运营环境的变化,潜在风险和应急需求也会发生变化,企业必须保持应急预案的动态适应性,以确保其始终有效。

增强员工的应急意识和技能也是提升应急响应能力的重要方面。企业应定期开展应急演练,以提高员工的实际操作能力和应对突发事件的信心。这些演练应模拟真实场景,涵盖事件识别、信息报告、紧急疏散及事故处理等环节,使员工在实践中熟悉应急流程,确保在真正的危机来临时能够冷静、迅速地采取行动。同时,企业还应加强安全培训,通过案例分析、知识讲座等形式,提高员工对潜在风险的认识和预判能力,使其在面临危机时能及时做出科学的判断。

在应急响应能力的提升过程中,信息的快速传递与沟通同样不可或缺。企业应建立完善的应急通信系统,确保在危机发生时,各部门之间能够及时有效地共享信息。这种信息流通不仅包括内部的协调,也应涵盖与外部应急机构的联动。通过建立多方联动机制,企业能够在事故发生后迅速调动外部资源,如消防、医疗等,提升整体应急处理能力。此外,企业还需建立应急指挥中心,作为危机响应的决策和协调机构，确保信息的准确传递和响应措施的有效实施。

双重预防体系在提升应急响应能力方面的作用尤为显著。该体系通过系统性的风险管理与安全管理措施，促使企业在日常运营中就对潜在风险进行识别和评估，提前做好应对准备。这种前期的风险控制不仅能够减少突发事件的发生，还能提升企业在应对突发事件时的自信心和应变能力。在实际操作中，双重预防体系通过推动企业建立健全的安全生产责任制，使每位员工都能明确自身在应急管理中的角色和责任，从而增强全员参与的意识，形成合力，营造提升应急响应能力的良好氛围。

技术的创新与应用也是提升应急响应能力的重要助力。随着科技的进步，信息技术、自动化设备和智能化系统在应急管理中的应用日益普及。企业应积极探索先进技术的应用，如利用大数据分析进行风险预测，通过传感器和监控系统实时监测安全隐患，及时发出预警信号。应用科技手段，企业能够更快速地获取信息、分析数据，从而在危机发生时做出更为准确的决策。这样的技术支持不仅提升了应急响应的速度与效率，也为后续的事故调查和评估提供了科学依据。

第二节 风险分级管控体系的建立与应用

一、风险识别与分类

风险识别与分类是风险分级管控体系的基础，涉及对各类潜在风险进行全面而系统的分析。在化工行业，风险主要可以分为机械风险、化学风险和环境风险等几个大类。每种风险都有其独特的特性与危害程度，了解这些风险的性质是实施有效管理的第一步。

机械风险通常来源于设备的操作和维护过程。在化工生产中，各类机械设备的运行不可避免地会带来一定的安全隐患。这些隐患可能包括设备故障、操作失误或机械损伤等，这些因素可能导致人员伤害、设备损坏或生产中断。因此，机械风险的识别需要关注设备的设计、制造、安装、操作及维护等各个环节，评估机械故障发生的可能性及其造成的后果。

化学风险涉及化学物质的使用与管理。化工行业通常涉及多种危险化学品，这些化学品的性质各异，可能具备易燃、易爆、有毒或腐蚀等特性。识别化学风险需要对化学品的种类、储存条件、使用方式及相互作用进行全面分析，确保在生产和操作过程中能够有效避免或降低其带来的危害。化学风险的管理不仅关乎员工的安全，还直接影响生产环境的安全性。

环境风险是指生产活动对外部环境可能造成的影响。化工企业在生产过程中可能会排放废水、废气和固体废物，这些排放物若处理不当，会对土壤、水源及空气造成污染，进而影响生态环境和公众健康。识别环境风险需要关注企业在各个生产环节中可能产生的污染物及其对环境的潜在影响，制定相应的管理措施，以防止环境风险的发生。

在进行风险识别时，除了关注机械、化学和环境风险外，还应考虑其他类型的风险，如操作风险、管理风险和市场风险等。操作风险通常与员工的技能和培训有关，操作不当可能导致事故的发生；管理风险则与企业的管理体系、政策执行及文化氛围相关，管理不善可能造成资源浪费和安全隐患；市场风险则可能影响企业的经济效益，间接影响到安全管理的投入。

一旦识别出各种风险，接下来需要对其进行分类。分类的依据通常是风险的性质、来源及其可能造成的后果。通过对风险的分类，企业可以更好地理解风险的特性与危害程度，进而制定针对性的管理措施。风险分类不仅有助于优化资源配置，还能够提高企业应对突发事件的能力。

风险分类的过程需要综合考虑多个因素，包括风险的发生概率、影响范围、后果严重性等。通过对这些因素的评估，可以将风险划分为不同的等级，从而实施有针对性的控制措施。对于高风险的情况，需要采取更为严格的管理和防范措施，以确保生产安全。而对于低风险的情况，则可以采取相对宽松的管理措施，以提高整体效率。

在风险识别与分类的过程中，企业还应鼓励员工参与其中。员工是生产一线的参与者，往往对工作环境的潜在风险有着更为直观的认识。通过建立良好的沟通机制，鼓励员工报告潜在风险及隐患，企业能够更全面地识别风险，从而提升整体安全管理水平。

风险识别与分类是风险分级管控体系的首要环节。通过对机械、化学、环境等各类风险的全面识别与细致分类，企业能够为后续的风险管理打下坚实的基础。有效的风险识别与分类不仅有助于提升企业的安全管理能力，还能为生产的顺利进行提供保障。只有在充分理解和掌握各种风险特性的基础上，企业才能制定出切实可行的安全管理策略，确保生产过程的安全性与稳定性。

二、制定管控措施

在风险分类的基础上，制定有效的管控措施是化工企业安全管理的核心步骤之一。管控措施的设计应充分考虑风险的严重性和发生概率，以实现针对性的管理策略。企业需要依据风险分类的结果，将风险划分为不同等级。一般而言，风险的严重性分为轻微、一般、严重和极其严重几个级别，而发生概率则根据历史数据、设备状况、操作流程等因素进行高、中、低的分级。这种分类为后续的控制措施提供了科学依据，使得企业能够合理配置资源，将有限的管理力量集中于关键领域。

根据风险等级的不同，企业应采取预防性、检测性和应急性的多层次措施，以最大限度地降低安全隐患。对于低级别风险，可以采用基础性的预防措施，如标准化的操作规程和常规巡检，以保证日常运行的安全。对中等风险，则需要加强检测手段，增加监控频率，确保风险在初期就能得到发现和控制。高级别风险需要重点关注，需制定详尽的应急预案和隔离措施，并对相关人员进行专门的培训和演练，以确保在紧急情况下能够快速反应和有效应对。

在风险管控过程中，化工企业应特别关注高风险工艺和设备的管理。高风险工艺往往涉及温度、压力和化学反应的精确控制，一旦发生异常，极易引发重大安全事故。因此，应在这些工艺的关键节点配置自动化检测设备，如温度、压力和气体浓度传感器，实时监测数据的变化。通过数据监控系统，企业可以迅速获得风险信息，一旦发现异常情况立即采取控制措施。针对高风险设备的管理，企业应引入预测性维护策略，定期进行检修和维护，确保设备处于良好状态，避免因设备老化或故障引发的安全事故。

同时，化工企业还需对生产流程进行优化，以降低操作过程中的风险。例如，对于化学反应过程中的原材料供应，企业应确保原材料的稳定性。流程优化还包括减少人工操作、降低人员暴露风险，将风险集中控制在自动化装置内。企业可以采用信息化手段，加强对生产过程的数字化管理，通过数据分析识别流程中的潜在风险，进一步提高风险管理的科学性与精确性。

除了技术层面的措施外，企业在制定管控策略时还需要重视组织和管理层面的安全措施。安全管理制度的健全是实现风险精准管控的重要保障。企业应设立专门的安全管理部门，明确其职责范围，确保管控措施的实施不受其他运营因素的影响。管理层还需定期审核风险管控策略，根据内外部环境的变化进行调整，确保风险管理措施的时效性。同时，应定期开展风险评估和审核，确保管控措施的效果符合预期。对风险管理的各个环节进行评估，有助于发现可能的缺陷，并通过改进措施不断提升管控效果。

人员管理也是管控措施中不可忽视的因素。企业需将风险管理意识融入员工培训中，使员工了解各项管控措施的重要性。对于涉及高风险操作的岗位，企业应进行专项培训和考核，确保员工掌握必要的技能和知识。员工的操作行为直接影响风险的可控性，因此，建立严格的操作规范并监督执行是降低人为因素风险的重要措施。企业还可以引入激励机制，鼓励员工主动发现和报告潜在风险，并将其作为考核的重要指标，形成全员参与风险管控的文化氛围。

在管控措施的实施过程中，信息反馈与改进机制的建设也是必不可少的。风险管理并不是一成不变的过程，而是需要根据实践不断调整和优化。为此，企业应建立信息反馈渠道，鼓励员工报告在管控措施实施过程中发现的问题。同时，定期对管控措施的效果进行分析，通过数据反馈确定措施的实际效果，找出不足之处，进行相应的优化。企业还应关注行业内外的安全事件，通过案例分析改进自身的管控策略，吸取教训，减少潜在风险。

三、动态调整与评估

在化工安全管理中，风险分级管控体系的动态调整与评估至关重要，尤其是面对生产环境的复杂性和不断变化的风险因素。动态调整的目的是确保风险管理措施的持续有效性，使企业能够及时应对新出现的风险，并在变化的条件下维持高效的安全管理水平。因此，构建一个具备灵活调整功能的风险分级管控体系是安全管理的重要手段。

动态调整意味着在风险管控的基础上，建立起一套敏感且具有响应力的机制，能够随时捕捉风险因素的变化并加以适应。在这种体系中，不仅仅是对现有的风险等级进行划分和管理，更是对潜在的新风险保持高度关注。通过动态调整，风险分级管控体系能够实现对实时数据的敏锐感知，快速识别和分析风险，确保管控措施的适时性和准确性。

在动态调整的过程中，评估风险状况是关键一环。风险评估不仅是发现风险的手段，更是一个循环过程，其本质是将风险数据转化为管理决策的依据。企业应定期对各个阶段、各个层级的风险进行全面评估，以此了解当前的风险状况、管控措施的执行效果以及风险等级的合理性。这种评估不仅包括安全隐患的识别和分析，还涵盖了对管控效果的客观测量。在评估过程中，除了传统的人工评估手段外，还应引入数据分析技术，以提高评估的科学性和精确性。通过对评估结果的深入分析，企业可以清晰了解风险动态的变化，进一步为动态调整提供依据。

动态调整要求企业在管理措施上具备灵活性和前瞻性。针对评估结果，企业应根据实际情况对管理措施进行实时更新，以确保每项安全措施都能针对当前的风险状况发挥有效作用。具体而言，动态调整的实施可以包括对风险等级的重新定义、管理策略的优化，以及对资源的重新分配。

在实施动态调整的过程中，评估管控效果是不可或缺的环节。只有通过定期的效果评估，企业才能验证管理措施的实际作用，确保其在降低风险方面的有效性。效果评估需要建立科学的评估指标体系，涵盖风险发生频率、事故数量、隐患整改效率等多个方面。通过对这些数据的分析，企业可以对现行的安全措施进行定量的效果判断，识别出执行过程中存在的薄弱环节，进而进行针对性优化。评估管控效果还应包含反馈机制，通过让员工和管理人员积极参与反馈，使管控措施更贴近实际情况，进一步增强措施的适用性和响应速度。

动态调整的有效性依赖于企业建立的良好风险信息管理系统。通过信息系统的支持，企业能够在第一时间获取生产环境中的安全数据，并借助数据分析工具及时预测和识别潜在风险，实现信息共享与管理决策的高效衔接。信息系统不仅能够自动采集实时数据,还能在风险状况发生变化时自动触发调整流程,为管理人员提供科学的决策支持。信息系统的集成还可以帮助企业整合各类安全数据,形成数据驱动的风险调整机制,从而提升风险分级管控的响应速度和适应性。

为确保动态调整的长期有效性,企业应将风险分级管控体系的调整和评估纳入标准化流程中。通过制定明确的风险调整标准和评估周期,企业能够形成一种常态化的动态管理模式。定期对风险分级管控体系进行审查和优化,不仅可以不断更新安全管理的最佳实践,还能有效提升整体管理水平。同时,这种标准化的动态调整流程也有助于培养员工的安全意识,使其在日常工作中更好地识别和应对风险。

四、信息共享与协同管理

在化工安全管理体系中,信息共享与协同管理的作用至关重要。一个高效的安全管理体系不仅依赖于独立部门的专业技术能力,还需要各部门之间紧密的合作和信息流通。信息共享是实现部门间无缝衔接的基础,确保各项安全工作得以准确执行,并最大化地减少信息滞后带来的风险。通过构建顺畅的沟通机制,企业能够在内部建立一个透明的信息网络,让管理层、操作人员、技术支持和其他职能部门实时获得所需的安全信息。信息的快速传递能够及时暴露潜在的安全隐患,确保各项决策基于全面、准确的数据,从而提高管理的响应速度与精准性。

在建立信息共享机制时,企业应关注多层次的信息沟通。首先是纵向沟通,从管理层到基层操作人员,安全信息应通过系统化、标准化的渠道进行传递。这样能够确保高层战略决策准确传达至基层,并根据基层反馈进行优化调整。其次是横向沟通,不同职能部门之间的协作是化工安全管理成功的关键。对于化工企业而言,生产部门、设备维护部门、安全管理部门等都在安全管理中扮演着不可或缺的角色。通过横向信息的共享,可以形成跨部门协作,避免出现信息孤岛现象,提升整体安全管理水平。

信息共享还包括外部信息的整合与利用。化工安全领域的快速发展使得新的技术、政策法规、行业标准不断更新,企业需要建立有效的外部信息获取与分享机制,以确保自身安全管理体系与外部环境相匹配。

在信息共享的基础上，协同管理的价值逐渐显现。协同管理不仅需要在结构上实现部门的协作，还要在流程上优化信息流动的路径。为了提升信息共享的效率，企业可以利用数字化工具，如建立安全管理信息系统，将数据实时共享至各部门，实现信息流的无缝对接。通过这种系统化的协同，部门间的信息交互更加便捷，消除了人为沟通的滞后性和误差，提高了决策的科学性。利用自动化系统来检测和记录安全数据，并将数据进行智能分析，也可以减少人为错误，提升整体管理的可靠性和精准度。

责任划分的明确性也是协同管理的一个重要方面。在确保信息共享的前提下，各部门需要在协作中清晰界定各自的职责，确保每项安全管理活动有明确的责任人。通过建立责任分配的制度，部门间能够在信息协作中保持高效，避免因为职责不清导致的信息交互障碍。在实际工作中，各部门依据自身职能和职责，定期进行联合检查和评估，确保整体安全管理体系的顺畅运作。在应急事件或事故处理中，责任明确的协同管理能够确保各部门迅速行动，有效配合，从而提升企业在应急情况中的反应速度。

为了保障信息共享与协同管理的顺利实施，企业需要建立相应的考核与反馈机制。通过定期评估信息共享的效率、准确性及协同管理的效果，企业能够及时发现管理中的不足并加以改进。同时，反馈机制能够将安全管理中的良好实践经验总结下来并推广至全公司，提高整体安全管理水平。每个部门在信息共享与协同管理过程中，不仅要关注自身的改进，也要积极参与跨部门的协同与反馈，从而形成相互促进的良性循环。

信息共享与协同管理的优势还在于它能够促进化工企业的全员参与文化。当信息在各部门之间无缝传递时，员工可以清楚地了解安全管理的最新要求和企业的整体安全目标，这种透明度能够激发员工的参与感，增强其对安全管理工作的责任意识和归属感。此外，协同管理模式能够推动各级员工在实践中积极探索创新解决方案，将前沿技术引入安全管理，从而提升安全管理的技术水平。

第三节　隐患排查与治理体系

一、隐患排查的必要性

隐患排查是企业安全管理体系中至关重要的环节，它构成了双重预防体系的核心内容，对防范事故、提升安全生产水平起着关键作用。隐患排查的必要性不仅体现在避免事故发生的直接效果上，更在于构建系统化、标准化的安全管理流程，使企业能够在复杂的生产过程中有效识别、控制并消除潜在的风险源，确保生产作业的安全性和稳定性。

隐患排查通过系统性检查，有助于及时识别并控制安全隐患，保障企业安全生产的连续性。在日常运营中，化工、制造等高危行业的作业环境存在多种安全风险，稍有不慎就可能导致严重后果。隐患排查要求企业对设备设施、操作流程和作业环境进行全面的检查和评估，确保所有潜在风险被纳入监管之中，从而降低安全事故的发生概率。通过这一过程，企业可以及早发现可能威胁作业环境的因素，采取有效措施加以控制，减少员工在生产过程中的潜在危险。

隐患排查还能够推动安全管理制度的完善，提升企业的整体安全水平。排查过程中发现的问题往往涉及企业的管理制度、作业规程及执行效果。通过深入剖析安全隐患的成因，企业可以识别管理体系中的薄弱环节，并采取相应的改进措施。隐患排查所提供的反馈信息为制度的优化和升级提供了重要依据，有助于构建更加完善、科学的安全管理体系。这种闭环管理使企业的安全管理制度逐步健全，既能满足监管要求，又能有效应对生产过程中出现的新问题，从而实现安全生产的长期可持续发展。

隐患排查在企业安全文化建设中具有不可替代的作用。通过日常的排查工作，企业可以逐步强化员工的安全意识，使其认识到隐患排查不仅是管理部门的职责，更是每位员工应尽的责任。这一过程可以有效提升员工的自我防范意识和责任感，使其在日常工作中更加重视安全操作规程。隐患排查使员工养成"关注安全、重视隐患"的意识，形成"发现问题、解决问题"的工作习惯，进一步推动企业安全文化的深入。

隐患排查的过程还可以增强企业对风险的预判能力，提升应急响应的科学性。通过深入、系统的隐患排查，企业不仅能够了解作业过程中的常见风险，还能识别风险发生的潜在模式及其影响范围。这种风险识别能力的提高，使企业能够在风险发生前做出科学的应对方案，确保一旦隐患转变为现实风险时，企业可以快速响应并控制事态发展。隐患排查的系统性使企业能够将安全生产的管理从被动响应转变为主动预防，最大限度地减少突发事件对人员、设备和环境的影响。

隐患排查对于企业的资源优化配置也具有重要意义。在资源有限的条件下，隐患排查可以帮助企业精准识别风险的集中区域及频发场景，从而有针对性地配置人力、物力资源，实现资源利用的最大化。企业可以根据隐患排查的结果制定重点区域的安全管理措施，确保资源投放的有效性和针对性。通过对风险源的定量分析，企业不仅可以实现科学的决策管理，还可以有效减少不必要的支出，降低企业的运营成本。

隐患排查还具备提升企业信誉与社会责任的作用。企业在生产中将安全管理作为核心内容之一，向社会及相关方展示了其对于安全生产的重视及承诺。隐患排查的长期有效开展可以形成良好的社会形象，增进利益相关方对企业的信任。对于企业而言，良好的社会声誉和信誉不仅有助于提升市场竞争力，还可以有效吸引人才和投资，推动企业的长期发展。

隐患排查作为双重预防体系的重要组成部分，其必要性体现在多方面。它不仅能够帮助企业提前识别和控制风险，防止事故的发生，还能为企业安全管理制度的持续改进提供数据支持。此外，隐患排查能够提升员工的安全意识，营造良好的安全文化氛围，使企业从被动的事故应对转变为主动的风险管理模式。同时，通过优化资源配置和提升社会形象，隐患排查在提升企业整体运营效率、增强企业竞争力方面亦发挥了重要作用。

二、定期检查与评估

在化工企业的安全管理体系中，定期检查与评估是确保生产过程安全、减少事故发生风险的重要环节。建立并实施定期的隐患排查制度，有助于及时发现潜在的安全隐患,消除潜在风险,为企业的长期安全运营提供有力保障。隐患排查不仅仅是一项技术性工作,它涉及对生产设施、操作流程、安全制度和人员行为等多个方面的全方位检查与评估。因此,构建一套科学、全面的隐患排查体系,制定合理的检查周期和评估标准,是实现有效安全管理的关键。

定期检查与评估有助于确保隐患排查的全面性。隐患排查是一项复杂的工作,涉及多个环节和方面,单靠偶发的检查或临时性的应急反应无法全面覆盖所有风险源。通过制定定期检查制度,企业可以在固定的时间内系统地对所有生产环节、设备设施、环境条件等进行检查,避免由于遗漏某些环节或隐患而导致安全问题的发生。定期的隐患排查不仅能检查设备的老化和故障,还能及时发现操作规程的不足和管理制度的漏洞,保障企业在各个层面的安全性。通过日常巡检、专项检查与定期评估的有机结合,企业能够从多个角度对潜在的隐患进行识别和评估。

定期检查与评估能够增强隐患排查的系统性。隐患排查不仅要关注个别问题,更应从整体系统的角度出发,进行全面的检查和深入的分析。定期检查的实施,要求企业建立系统化的检查标准与流程,确保每一次检查都能覆盖所有关键的安全环节,并根据不同的生产特点和风险因素制定相应的检查内容。这一过程不仅涉及对生产设备、工艺流程、危险品管理、消防安全等硬件设施的检查,还包括对员工操作规范、应急预案、培训情况等软性因素的评估。通过这样的全方位检查,企业能够全面识别出安全管理体系中的漏洞,及时发现管理上的薄弱环节,确保隐患排查不留死角。

定期检查与评估也是有效提高企业安全管理水平的手段之一。安全管理不仅仅是技术措施的落实,更是一项动态管理工作。随着生产过程的不断发展和环境条件的变化,原有的安全措施和管理制度可能会出现不适应的情况,甚至出现新的安全隐患。定期检查和评估能够通过定期的回顾和评审,帮助企业及时调整和优化安全管理体系。通过对隐患排查结果的总结与分析,企业能够从中发现潜在的管理问题,并进行有针对性的改进。无论是管理人员的安全责任落实,还是操作人员的安全操作习惯,定期的检查与评估都有助于提升全员的安全意识和管理水平,推动企业安全文化的不断进步。

定期的隐患排查制度能够为企业的安全保障提供科学的数据支持。隐患排查的结果不仅仅是一个问题的发现，更能为企业提供大量关于安全现状的数据。通过定期的检查与评估，企业能够积累大量关于安全问题的经验和数据，这些数据可以帮助企业更加精准地分析安全管理中存在的系统性问题。通过对隐患排查结果的定期汇总和分析，企业能够发现事故发生的规律、常见的隐患类型，以及在不同环境下可能出现的潜在问题。这些数据的积累对于企业制定长远的安全管理战略至关重要，也为未来的改进措施提供了科学依据。

在实际执行过程中，定期检查与评估不仅仅是一次性的任务，更需要持续的监控和反馈机制。隐患排查应当作为一个持续的动态过程，不仅依赖于固定时间节点的检查，更需要在平时的管理过程中不断地进行监控和评估。企业应当根据生产过程中的实际情况，灵活调整检查频率和检查内容，确保隐患排查制度具有较高的适应性和灵活性。同时，检查人员的培训和专业能力也是定期检查能否有效实施的关键。只有具备足够专业知识的检查人员，才能全面识别隐患，确保评估的准确性和有效性。

三、隐患治理措施

隐患治理是化工企业安全管理中至关重要的环节。面对可能引发安全事故的隐患，企业不仅需要及时识别并采取措施进行整改，还需要建立系统化的隐患治理流程，确保所有隐患得到有效控制和消除。在此过程中，隐患治理不仅是一个单纯的技术问题，更涉及管理制度的完善、人员的责任落实和持续的监督检查。因此，企业必须根据实际情况制定详细的治理方案，确保隐患治理的科学性和有效性。

企业在识别隐患后，应根据隐患的性质、严重程度及其对生产安全可能带来的影响，制定详细的治理方案。治理方案是隐患整改工作的总体框架，它应具体到每一个隐患的治理措施，并考虑治理过程中可能面临的困难和挑战。方案的制定应涵盖隐患治理的每个步骤，明确责任人，确定整改期限，详细列出整改所需的资源以及所需的技术手段，确保隐患治理过程的有序进行。

隐患治理方案中的责任人是至关重要的。每一项隐患的治理措施都应有专门的责任人负责，责任人的选择通常应依据其岗位职责、技术能力以及经验背景。责任人的明确，不仅能够确保隐患治理措施的落实，也能增强企业员工的责任感和安全意识。在责任人的管理下，隐患治理工作应有明确的分工，避免出现职能重叠或责任不清的现象。责任人还需具备较强的执行力，确保治理措施不因人员更替或工作疏忽而受到影响。

治理期限也是隐患整改过程中一个不可忽视的因素。在制定治理方案时，企业必须根据隐患的严重程度、整改难度以及技术可行性合理设置整改期限。一般来说，对于直接威胁员工生命安全或可能导致重大环境污染的隐患，应当在最短时间内完成整改，并确保整改措施的落实。而对于影响较小或需要较长时间进行整改的隐患，则可以适当延长整改期限，但仍需确保在期限内完成整改工作。治理期限的合理设置，有助于保障隐患治理工作的效率，并为后续的安全生产提供保障。

在治理措施的具体内容上，企业需结合隐患的类型制定相应的整改措施。对于机械设备类隐患，可能涉及设备的检修、更换或技术改造；对于化学品储存、运输及使用等环节的隐患，治理措施则应包括对安全规程的修订、操作人员的培训以及安全防护设备的完善等。治理措施的设定应具有针对性，避免采取过于笼统或不切实际的措施。企业在制定措施时，应充分考虑到隐患治理的成本与效益，既要确保治理措施能够有效消除隐患，又要避免因措施过于简单或粗放而导致治理效果的下降。

隐患治理的有效性离不开持续的监督和检查。企业应在隐患治理方案实施过程中建立健全的监督机制，确保每项整改措施都能按时完成。定期检查不仅可以帮助企业及时发现隐患治理过程中存在的问题，还能够为进一步的安全改进提供数据支持。监督检查应覆盖所有整改环节，从隐患的整改实施到后续效果评估，都应纳入检查范围。与此同时，企业还应建立隐患治理台账，记录隐患的识别、整改过程和结果，确保隐患治理工作的可追溯性和透明度。台账的建立不仅有助于企业进行自我审查，还能够为外部监管提供参考依据。

在隐患治理过程中，企业的全员参与也是保障治理效果的重要因素。隐患的识别、整改和监督不仅是安全管理部门的职责，还应包括各个生产部门及其员工。

通过定期开展安全培训、隐患排查及安全演练，增强员工的安全意识，提高他们识别隐患和报告隐患的能力，能够为企业的隐患治理工作提供有力支持。同时，企业应鼓励员工提出改进建议，尤其是一线员工对生产环节的了解最为深入，能够帮助企业发现潜在隐患，从而进一步提升隐患治理的全面性和精细化。

隐患治理不仅仅是为了消除某个具体的安全问题，更是为了构建企业长效的安全管理机制。企业应通过隐患治理，发现并弥补管理中的漏洞，提升整体安全管理水平。治理过程中，不仅要注重短期的隐患消除，更要从根本上优化企业的安全管理体系。例如，企业可以根据隐患治理的经验教训，完善安全操作规程，修订安全培训内容，并通过技术创新提升安全管理的智能化水平。通过系统性的管理改进，企业能够有效预防隐患的反复发生，促进企业在安全管理方面的长远发展。

四、追踪与反馈机制

隐患治理后，建立有效的追踪与反馈机制是确保治理措施落实到位并持续改进安全管理水平的重要环节。隐患排查与治理的过程不仅仅是单纯的整改操作，更是一个持续的管理活动，需要不断地检查和跟踪治理效果，确保每项措施都得到落实并产生预期的效果。追踪与反馈机制的建立，能够使隐患治理成为一个动态、不断完善的过程，从而实现化工企业安全管理水平的全面提升。

追踪机制的核心在于定期检查隐患治理的执行情况。隐患治理措施通常需要一定的时间才能显现出效果，因此，在隐患排查和治理完成后，企业需要根据整改的复杂程度设定合理的检查周期。这些检查周期可以根据隐患的不同类型和整改的紧急程度来灵活安排，确保对重大隐患、风险较高的隐患进行优先跟踪和监督。定期检查能够及时发现治理过程中出现的问题，并对措施的执行效果进行评估。如果发现整改措施未能完全落实或治理效果不明显，必须立即采取进一步的措施来确保治理效果的达成。

反馈机制是追踪与检查的自然延续。它通过收集各层级、各部门的意见和建议，形成一个循环反馈的过程。在隐患治理后的反馈环节中，上级管理部门对整改措施的评价很重要，基层员工、管理人员以及安全监督人员的反馈同样至关重要。基层员工通常是隐患的第一发现者，他们在日常工作中最了解安全管理措施的实际执行情况。通过收集员工的反馈，企业可以及时了解隐患治理过程中可能存在的盲点和漏洞，确保治理措施全面有效。因此，反馈机制必须从多个层面入手，建立起上下贯通的信息流动渠道，以便在各个环节上发现并解决问题。

隐患治理不仅仅是一个整改过程，更是一个推动企业安全管理体系不断完善的契机。通过建立追踪与反馈机制，企业能够系统地总结隐患治理的经验和教训，在反馈过程中发现安全管理中存在的不足，进而推动相应管理措施的优化和更新。企业应根据反馈信息对安全管理制度和操作规程进行修订，尤其是对已经实施的治理措施进行长期监控，评估其可持续性和适应性。每次隐患治理后的评估和反馈，都是企业安全管理能力提升的机会，这种持续改进的过程能够使企业在不断完善的安全管理体系中保持竞争力。

追踪与反馈机制也有助于提升全员的安全意识。在隐患治理后，企业如果能够及时进行追踪检查并将结果反馈给全体员工，就能让员工清晰地了解隐患治理的效果以及自身在安全管理中的作用。这种信息的共享不仅能够增强员工的安全责任感，还能够激发员工对隐患治理工作的关注和参与热情。员工的参与感和归属感对于安全文化的建设至关重要，只有让员工感受到自己在安全管理中扮演着积极的角色，才能真正提升他们的安全意识。

在建立追踪与反馈机制时，企业还应当注意信息的准确性与透明度。对于隐患治理的跟踪和反馈，不能仅仅停留在表面上的整改报告和检查记录，更要对隐患治理的实际效果进行详细的记录和分析。这就要求企业在实施隐患治理时，必须制定清晰的标准和具体的检查指标，确保每一项隐患整改都能得到客观、公正的评估。在反馈环节，企业应确保信息传递的畅通无阻，反馈内容应涵盖整改的具体情况、存在的问题及后续改进措施，以便为管理层提供全面的决策依据。

追踪与反馈机制的建设不仅是隐患治理的一部分，也是企业整体安全管理体系中的重要组成部分。它涉及组织结构、流程管理、人员职责和文化建设等多个方面。企业应将追踪与反馈机制的建设纳入整体安全管理体系的框架中，确保隐患治理的追踪与反馈环节与其他安全管理环节相互衔接、互为支撑。通过整合不同部门的力量，企业能够实现隐患治理工作的系统化、标准化和科学化，从而使安全管理工作更加高效和精准。

第九章　安全管理技术与设备

第一节　化工设备的安全管理

一、设备生命周期管理

化工设备的安全管理不仅是一个具体操作层面的任务，它还涉及整个设备生命周期的每一个环节。设备的生命周期从设计到报废，贯穿着设备的所有运行阶段，任何一个环节的管理失误都可能导致安全事故的发生。为了有效管理设备的安全性，化工企业应当从设备的设计阶段开始实施全面的生命周期管理。生命周期管理不仅关注设备的使用期，还包括设备在设计、制造、安装、调试及运营等阶段的各项安全性评估，目的在于通过全程监控和管理，提前识别潜在风险并采取相应的控制措施，从而确保设备在整个生命周期内的稳定、安全运行。

设备的设计阶段是生命周期管理的起点，也是安全管理的关键环节。设备设计不仅要符合基本的功能需求，还必须充分考虑安全性。设计阶段的管理应当包括对设备结构、材料、操作条件、负荷预估等因素的全面评估。设计人员应考虑设备在各种极限工况下的运行表现，以及可能出现的故障模式与风险源。通过风险分析，尤其是通过应用故障模式和效应分析等方法，企业可以有效识别设计阶段的潜在安全隐患，提前制定有效的安全对策。设计阶段的安全性评估并不限于对现有标准和规范的遵循，更应当结合实际生产需求，创新设计解决方案，提升设备的安全性能。

在制造和安装阶段，设备的安全管理进入了物理实现的环节。在设备制造过程中，除了要对材料和加工工艺进行严格把关外，质量管理也尤为重要。制造过程中的任何疏忽，特别是工艺缺陷、材料不合格、部件损伤等，都可能成为设备未来故障的潜在原因。因此，制造阶段需要加强设备组件的质量检验，确保各项部件的质量符合设计标准和使用要求。与此同时，设备的安装阶段同样不可忽视。在设备安装过程中，正确的安装程序和规范的操作是确保设备安全运行的基础。设备安装人员需要严格按照设计要求进行安装，避免因安装失误或不当操作导致设备性能下降或出现隐患。安装完成后，进行充分的调试是确保设备在实际工况下能够稳定运行的关键。调试阶段不仅要确认设备的各项技术指标是否达到要求，还要进行实际运行情况的安全评估，发现并排除可能存在的安全隐患。

设备进入运营阶段后，安全管理的重点转向设备的日常使用、维护和检修。在长期运营过程中，设备的安全管理必须采取动态监控与定期检查相结合的方式。化工设备在使用过程中可能由于长期运转、环境变化或人为操作等因素发生磨损、老化或损坏，这些因素都会增加设备故障的风险。企业应制定详细的设备运行管理规程，确保设备始终处于良好的运行状态。设备的定期维护与检修同样重要。维护工作不仅要根据设备的运行情况进行故障排查，还应结合设备的工作环境、工作负荷等因素，及时更换老化部件，保持设备的最佳工作状态。通过定期检查和故障预测分析，企业能够提前发现潜在的问题，防止设备故障的发生，进而减少设备停机时间，降低安全事故的发生率。

设备的安全管理并不限于设备的使用阶段。在设备生命周期的最后阶段，即设备报废阶段，仍需关注设备的安全问题。设备在报废过程中，特别是在拆除和废弃物处理过程中，可能存在一定的环境安全隐患。设备报废阶段的安全管理同样至关重要，企业应根据环保要求和安全规范，制定详细的设备拆除与废弃物处置方案，确保废弃物的安全处理和设备拆除的安全性。

在设备生命周期的每一个阶段，化工企业都需要运用全方位的安全管理手段，实施全生命周期的管理模式。通过从设备的设计、制造、安装、调试、运营到报废各个环节的安全控制，企业能够最大限度地降低设备安全风险，确保设备在整个生命周期内的安全、高效运行。随着化工行业的技术发展与安全管理需求的不断提升，设备生命周期管理将逐步成为化工企业实现安全生产、提升管理水平的重要手段。因此，全面实施设备生命周期管理，不仅能够提高设备的可靠性与安全性，也能够提升企业的整体安全管理水平，为化工行业的可持续发展提供坚实的保障。

二、定期检修与维护

在化工企业中，设备的安全运行对生产过程的顺利进行至关重要。设备的故障不仅会影响生产效率，还可能引发严重的安全事故，因此，定期的检修和维护是确保设备持续稳定运行、保障企业安全生产的重要措施。有效的设备管理策略包括制订科学合理的设备维护计划，定期检查设备的运行状态与安全性能，及时发现并排除潜在的隐患，确保设备始终处于最佳的工作状态，避免因设备故障引发的停产或事故。

设备的定期检修与维护能够有效延长设备的使用寿命。任何一台设备都不可能在没有维护的情况下长期稳定运行，随着时间的推移，设备的零部件会因磨损、腐蚀或疲劳等因素逐渐老化。定期进行检修，不仅能够及时发现这些老化问题，还能通过更换或修复受损的零部件，避免小问题演变成大故障。通过延长设备的使用寿命，企业不仅能够减少频繁采购新设备的成本，还能提高生产的连续性与稳定性。

定期检修能够确保设备的运行安全性。化工行业中，许多设备在高温、高压或化学介质的环境下工作，这些极端条件下的运行对设备的要求极高，任何微小的故障都可能引发重大的安全事故。定期检修和维护可以帮助企业及时发现设备潜在的安全隐患，如设备的管道老化、阀门泄漏、电气系统故障等问题。通过专业人员的检查与诊断，企业能够及早识别并解决这些安全隐患，防止设备在运行中出现故障或引发火灾、爆炸等灾难性事故。

设备的维护不仅是对硬件本身的检修和保养，还应包括对设备运行数据的监测与分析。在现代化的工业环境中，随着智能化与自动化技术的发展，越来越多的设备都配备了传感器和监控系统，这些系统可以实时监测设备的运行状态、温度、压力、振动等各项参数。通过对这些数据的持续跟踪与分析，企业可以及时发现设备运行中的异常波动，提前预测设备可能出现的故障，并采取预防性措施进行处理。相比传统的人工检查，这种基于数据分析的设备维护方式更加精确、有效，能够最大限度地降低设备故障的发生率。

定期的检修与维护工作还能够提高设备的运行效率。随着设备的长期运行，一些部件可能因摩擦或积累的污垢而导致效率下降。定期的维护可以清除这些污垢或更换效率低下的部件，保持设备的高效运行。这不仅能确保生产过程的顺利进行，还能降低能源消耗，提高资源利用率。尤其在化工行业，设备的高效运行直接影响生产成本，优化设备性能是提升企业竞争力的重要途径。

除了单纯的设备维护，企业还需要建立一套完善的设备管理体系，包括明确的检修计划、责任划分、检查标准和考核机制。设备的定期检修应根据设备的具体使用情况、工作环境以及历史故障记录来制定。对于关键设备或高风险设备，企业需要进行更加频繁的检查与维护，确保这些设备始终处于良好的工作状态。通过建立详细的维护档案，企业可以全面掌握设备的维护历史和当前状态，方便后期的维修决策和资源调配。

设备维护人员的专业素质和技能也是确保检修质量的关键因素。维护人员应定期接受专业培训，掌握先进的检修技术和工具，了解设备的最新技术和维护规范。不断提升维护人员的技术水平，能够提高检修工作的效率和质量，减少人为因素导致的失误。同时，企业还应建立完善的考核机制，对设备维护人员的工作进行评估和激励，确保维护工作的顺利进行。

尽管定期的设备检修与维护可以有效减少设备故障的发生，但设备管理仍然需要灵活应对可能出现的突发情况。有时，某些设备可能由于意外因素或不可预见的故障导致停机。在这种情况下，企业应具备快速响应和应急处理能力，制定完善的应急预案，确保设备在故障发生后的快速修复和恢复。在日常维护中建立应急响应机制，能够最大限度地减小突发故障对生产造成的影响。

三、操作规程的制定与遵循

在化工企业中，操作规程的制定与遵循是确保生产安全、预防事故发生的关键环节。操作规程不仅是企业安全管理体系中的重要组成部分，也是每一位操作人员在工作过程中必须遵循的行为准则。科学合理的操作规程能够为生产过程中可能遇到的各类风险提供指导，减少人为操作错误的发生，从而有效降低事故发生的概率。因此，制定和严格遵守操作规程对于保障企业的安全生产至关重要。

科学合理的操作规程必须基于全面的风险评估和细致的工作分析。在编制操作规程时，需要对生产过程中可能存在的各类风险进行充分评估，尤其是危险化学品的使用和加工、设备运行的特殊要求以及操作人员的工作环境。规程的内容应涵盖设备运行的每一个环节，从启动、运行到停机过程中的安全要求，特别是在操作过程中涉及的安全注意事项、设备故障的应急处理程序、紧急停机的操作步骤等。这些规定不仅为操作人员提供了详细的工作指南，同时也能在突发事件发生时提供快速有效的应急响应措施，确保人员能在最短时间内采取正确的应对方法，减小事故对企业和人员造成的损害。

操作规程的制定不仅仅是对生产操作的一次性安排，更是一个动态管理过程。随着生产技术的发展、设备的更新以及法规要求的变化，操作规程也需要随之进行不断的更新和优化。企业应定期对现有操作规程进行评估与修订，确保其能够与时俱进，符合最新的安全生产标准和行业要求。特别是在新设备引进、工艺变更或生产规模扩大时，必须根据新的工作环境和操作特点重新编制相应的操作规程，避免因规程的滞后或不适应而造成不必要的安全隐患。操作规程的实施不仅要依赖规程本身的合理性，还需要配合有效的培训和监督机制，确保操作人员能够理解和熟练掌握规程的内容，将其落实到实际操作中。

操作规程的遵循是确保其有效性的前提。虽然规程的制定为操作人员提供了明确的工作指引，但最终能否落实到实际操作中，取决于员工的执行力和安全意识。企业必须加强对操作人员的培训，确保每一位员工都能够全面理解操作规程的内容，并具备在紧急情况下按照规程进行操作的能力。培训内容不仅要包括规程的具体要求，还要对可能发生的各类紧急情况进行演练，帮助员工熟悉应急处置流程，提高他们在突发事件中的应急反应能力。操作规程的遵循不仅仅是操作人员的责任，企业的管理层和监督部门同样应当发挥积极作用，确保规程的有效实施。管理层应定期组织检查，监督员工在日常工作中是否严格按照操作规程进行操作，并对违规行为进行必要的处罚和教育，确保操作规程不流于形式，真正成为保障生产安全的有力武器。

操作规程还应特别重视与紧急停机程序和应急处理措施的结合。在化工企业中，设备的正常运行至关重要，但由于生产过程中不可预见的风险因素，设备可能会出现故障或发生安全事故。此时，紧急停机程序的有效性直接关系到事故的发生和损失的控制。操作规程应详细规定在出现设备故障、异常情况或安全隐患时，操作人员应如何迅速判断并采取紧急停机措施，以阻止事态的发展。紧急停机程序的有效性依赖于其简便性和操作人员的熟练掌握，因此，操作规程中应当明确停机的具体步骤和注意事项，避免由于操作错误或不熟练操作导致停机不及时，甚至加剧事故的发生。

操作规程还应包括全面的应急处理措施。这些应急处理措施应考虑到各类突发事件，如火灾、泄漏、爆炸等事故的应急响应方案。企业应根据不同的事故类型，制定细致的应急处理措施，并将其纳入操作规程的内容中，确保操作人员在面对各种突发情况时能够迅速采取有效的应对措施。此外，操作规程中的应急处理措施应与企业的应急预案相结合，确保在发生事故时，操作人员不仅能够根据规程处理现场问题，还能够与应急响应小组协调配合，以最大限度地减少事故带来的损失。

四、员工培训与安全意识提升

在化工企业中，员工的安全意识和操作能力直接关系到生产安全和企业的可持续发展。因此，定期开展员工培训并提升其安全意识，是化工安全管理工作中的重要组成部分。员工培训不仅是提高操作技能和应急能力的手段，更是防止事故发生、确保生产过程顺利进行的关键。化工设备的安全管理涉及复杂的技术要求和严密的操作规程，而员工的安全意识则是保障这些管理措施落实的基础。因此，企业应注重构建一套系统化的培训机制，帮助员工深入理解安全管理的本质，切实增强其安全操作意识，进而推动企业整体安全管理水平的提高。

员工培训能够提高员工对化工设备安全管理重要性的认识。化工生产设备在设计、制造、运行等环节都存在不同程度的风险。由于化工生产环境具有高度危险性，稍有疏忽便可能导致事故发生。员工必须清晰地认识到每一项安全管理措施的必要性以及它们在预防事故中的作用。通过定期的安全培训，员工能够充分了解设备的工作原理、使用规范、日常维护和检修流程，掌握识别和应对设备故障的基本方法。员工的安全意识能够有效提升其对安全管理措施的重视程度，在工作中自觉遵守操作规程，避免因操作不当或疏忽大意导致的安全事故。

模拟演练是提升员工安全操作能力的重要手段。仅靠理论培训并不能完全解决实际操作中的安全问题。化工设备的使用需要员工具备较强的应急处置能力，尤其是在突发情况下，员工必须能够迅速做出反应并采取有效措施。模拟演练使员工身临其境般地感受潜在危险的严重性，能够帮助他们在实际操作中更加敏感地识别安全隐患，提升应急处理能力。模拟演练不仅可以帮助员工熟悉安全操作流程，还能增强其在面对复杂或紧急情况时的冷静判断力和决策能力。这种实践性的培训方式能够在无风险的环境中训练员工，确保他们在真实情况下能够有条不紊地处理突发事件，减低事故发生的概率。

除了模拟演练外，案例分析也是提高员工安全意识的重要途径。通过分析国内外发生的典型化工事故案例，员工能够清晰地看到操作失误、管理疏忽或安全措施不到位带来的严重后果。这种直观的学习方式有助于员工认识到安全工作的重要性，并从中吸取教训。案例分析不仅可以帮助员工了解如何识别和预防类似的安全隐患，还能启发他们在实际工作中不断思考如何优化现有的安全管理措施，从而减少人为失误导致的事故。通过反复回顾和分析事故案例，员工能够将理论与实践相结合，形成深刻的安全意识，并在工作中主动寻求安全改进的机会。

除了模拟演练和案例分析，定期的员工安全培训还应涵盖化工企业的安全管理制度、法律法规及企业的安全生产责任制等内容。员工需要明确其在工作中的安全责任，了解企业安全管理体系的构成以及相关规定的要求，清楚自己在安全管理中的角色和义务。通过培训，员工能够掌握安全生产的基本要求，理解法规与制度背后的深层次原因，并将这些要求转化为日常工作的行为规范。明确的责任制和制度执行能够使员工在工作中自觉遵守安全操作规程，减少违规操作和随意性行为，降低发生事故的风险。

培训内容还应与实际工作紧密结合，针对不同岗位和不同工作环境的特点制订有针对性的安全培训计划。不同岗位的员工需要掌握不同的安全管理技能和应急处置能力，因此，培训内容的设计应注重个性化和差异化。深入分析各个岗位的具体风险和工作特点，制定有针对性的培训课程，能够确保每位员工都能够掌握与其工作相关的安全知识与技能，做到知行合一。

员工培训的效果并非一蹴而就，而是需要长期积累和持续推进的。为了确保培训效果的最大化，企业应定期评估员工的安全意识和操作能力，根据评估结果及时调整培训方案，补充员工在安全方面的不足。同时，企业应通过持续的培训和安全文化建设，使员工的安全意识保持在一个较高水平，确保企业的安全管理始终处于一个良性循环之中。

第二节 关键设备的安全性分析与改进

一、关键设备的识别与评估

在化工生产过程中，设备的安全性对整个生产流程的稳定性、效率及安全性具有至关重要的作用。化工行业的设备种类繁多，其中某些设备承担着关键的功能，直接关系到生产过程的正常运行及安全保障。为了有效管理和保障这些设备的安全性，必须对它们进行科学的识别和评估。通过合理的识别方法与风险评估手段，企业能够及时发现设备潜在的故障风险，进而采取必要的预防措施，确保设备的可靠性和安全性，防止因设备故障引发的安全事故或生产停滞。

关键设备的识别首先应从化工生产流程的核心环节出发，分析哪些设备在生产过程中具有较高的安全风险、较大影响力或较强的关键性。通常，这些设备是指对生产线的连续性、生产质量、生产安全或环境保护等方面有重大影响的设备。例如，一些高压反应、蒸汽发生或储存反应物的设备，如果发生故障，可能导致整个生产系统的瘫痪，甚至造成重大的安全事故。因此，对这些设备的识别不仅是对设备功能的认定，更是对其安全和生产稳定性的影响力的全面考量。

设备的识别过程通常需要结合工艺流程图、设备清单以及系统功能分析等多维度数据，通过专业的技术人员对各个设备的功能、作用及潜在危险的全面评估，最终确定哪些设备是"关键设备"。这些关键设备的选择标准不仅基于其对生产流程的直接影响，还包括它们在故障发生时可能引起的连锁反应及对生产环境的危害性。在一些化学反应剧烈、温度或压力极高的工艺中，设备一旦失效，不仅会影响生产进度，还可能危及员工的生命安全，甚至对周围环境造成污染。

在关键设备的识别过程中，风险评估起着至关重要的作用。常见的评估方法包括故障模式及影响分析（FMEA）、故障树分析（FTA）和风险矩阵分析等。FMEA是一种结构化的方法，通过系统地分析设备可能的故障模式，评估这些故障对生产过程的影响程度，从而确定设备的安全性等级。在FMEA分析中，首先会列出每个设备可能发生的故障模式，并分析每个故障模式的影响范围、发生概率和严重性。通过给每个故障模式打分，可以明确哪些设备在运行中最容易发生故障，哪些故障会造成较大的安全风险。故障模式的评估结果能够帮助化工企业识别出最为关键的设备，并根据其安全性等级采取相应的维护和监控措施。

故障树分析（FTA）也是一种常用的风险评估方法。与FMEA不同，FTA通过从系统的整体故障出发，逐步分析导致系统故障的各个可能原因及其相互关系。这种分析方法通常用于更加复杂的设备系统，能够帮助企业从宏观上把握设备故障的根源。在FTA分析中，设备的各个部件会被细分为不同的故障节点，并通过逻辑关系将这些故障节点逐步连接起来，形成一棵完整的故障树。这种方法不仅能帮助企业识别关键设备，还能帮助企业预见潜在的故障链条，进而采取有效的预防措施。

随着技术的发展，风险矩阵分析也在设备评估中得到了广泛应用。风险矩阵通过将设备故障的可能性与影响程度进行综合评分，形成二维矩阵，从而直观地反映出不同设备的风险等级。通过这种方法，企业可以根据设备的风险等级来安排维护和检查频率，重点监控高风险设备，确保其长期稳定运行。

在识别和评估过程中，企业还应结合实际的生产情况，综合考虑设备的运行状况、维护历史、操作人员的经验以及设备的技术特性等因素。这些因素直接影响到设备的稳定性和安全性，因此在评估时应予以充分考虑。化工企业的设备通常处于长时间、高负荷的工作状态中，因此，设备的疲劳程度和损耗情况也是影响其安全性的关键因素。定期的维护保养、设备的及时更换以及技术改造是确保关键设备长期稳定运行的必要措施。

通过有效的设备识别和评估，企业能够制定更加科学的安全管理策略。对关键设备进行实时监控和预防性维修，可以大大降低设备故障发生的概率，减少事故发生的风险。此外，评估结果还能够为企业的风险管理提供数据支持，使得企业能够更加精准地制定安全管理计划和应急预案。在实际操作中，随着风险评估方法的不断优化和技术手段的不断发展，化工企业能够更好地掌握关键设备的运行状态，确保生产过程的安全性和稳定性，进一步提升整个企业的安全管理水平。

二、安全性分析的方法

在化工企业中，设备的安全性分析是确保生产过程稳定、安全运行的核心环节之一。有效的安全性分析方法不仅能帮助识别潜在的危险，还能为采取相应的控制措施提供科学依据。HAZOP（危险与可操作性分析）是一种经典的、广泛应用于化工、石油等高风险行业的安全性分析方法。它通过系统地识别和评估工艺过程中的潜在风险，帮助企业发现潜在的安全隐患，并为其提出改进建议。此外，还有其他各种安全性分析方法，如故障模式及影响分析（FMEA）、故障树分析（FTA）等，它们可以与HAZOP方法互补，综合应用，确保企业设备及工艺的安全性。

HAZOP方法的核心理念是通过对工艺系统中的每一环节进行详细分析，识别出可能的危险源和可操作性问题。HAZOP是一种结构化的团队协作分析方法，通常由跨专业团队共同参与，包括工艺工程师、操作人员、设备专家等。团队通过逐项分析过程中的每个操作步骤，特别是对每一个设备、工艺条件、操作行为等进行详细审查，以找出潜在的风险。例如，分析过程中，团队会以"意图/偏差/后果"的模式，逐步识别出可能的偏差并推测这些偏差可能带来的后果。偏差可以包括流量、温度、压力等参数的变化，而后果则是这些偏差可能引发的危险，如爆炸、泄漏、设备损坏等。通过这种系统性分析，HAZOP能够帮助企业识别出潜在的危险，并为其设计出合理的安全改进措施。

在HAZOP分析中，关键的步骤之一是对设备的操作条件进行深入剖析，尤其是在设计阶段。通过分析设备的工作原理、操作环境及其可能受到的影响，分析团队能够识别出潜在的风险源。温度和压力的变化可能导致设备的结构破坏或者化学反应失控，进而引发重大事故。通过HAZOP分析，企业可以提前发现这些潜在问题，并制定预防和应对措施，如增设安全阀、压力调节器、自动监控系统等。这些措施能够有效降低设备出现故障的概率，增强设备的安全性。

尽管HAZOP、FMEA和FTA是常用的安全性分析方法，但在实际应用中，企业通常会结合多种方法进行综合分析。不同的方法侧重点不同，HAZOP主要关注工艺过程中的潜在风险，而FMEA更关注设备的单一故障模式，FTA则从系统性角度评估故障的多重影响。通过综合运用这些分析方法，企业能够从不同层面和角度对设备和系统进行全面评估，确保潜在风险能够被全面识别并得到有效控制。

在实施安全性分析时，企业还需要结合实际情况，制定合理的分析流程。首先，应根据具体工艺和设备的特点，选择适当的安全性分析方法。对于高风险的关键设备，HAZOP分析往往是必不可少的；而对于系统性问题，FTA方法可能更加适用。其次，在分析过程中，必须组织跨学科的专家团队，共同参与分析讨论，确保所有潜在风险能够被识别。最后，分析结束后，企业应根据分析结果制定出有针对性的改进措施，并进行定期复审和更新，以确保安全性分析的有效性和时效性。

三、技术改进与更新

在化工行业中，设备的安全性与可靠性直接关系到整个生产过程的稳定性和安全性。因此，基于安全性分析结果对关键设备进行技术改进与更新，已经成为提升安全管理水平的重要手段。随着技术的进步和行业需求的变化，传统设备和工艺往往难以满足现代化生产的高标准和严要求。引入新技术、新材料和新工艺，不仅能够显著提升设备的性能，还能有效降低故障率和安全隐患，从而保障生产安全，确保企业的长期稳健运行。

设备的技术改进应当基于对现有设备的深入安全性分析。这一分析通常通过对设备的故障模式、风险评估和事故调查等方法进行详细研究，识别设备在工作过程中的潜在危险和薄弱环节。在安全性分析过程中，涉及对设备设计、操作条件、维护状况及外部环境因素的全面考虑。通过这些分析，企业能够找出现有设备可能存在的安全隐患，明确哪些部分需要进行技术改进、哪些设备需要进行更新。

技术改进的一个关键方面是引入新技术来替代或优化旧技术。随着自动化、数字化和智能化技术的快速发展，化工行业中的设备也在逐步向智能化方向发展。例如，通过集成先进的传感器、自动控制系统和数据分析平台，企业能够实时监控设备的运行状态，及时发现异常并进行预警，从而有效避免设备故障导致的安全事故。这种智能化技术能够提高设备的自诊断能力和自动修复能力，降低人工干预的风险，提高设备的整体安全性。

新的材料技术也为设备的安全性提升提供了重要的保障。传统设备常常因材料老化、腐蚀、磨损等问题导致设备性能下降，甚至出现重大故障。引入新型高性能材料，能够显著增强设备的耐腐蚀性、耐高温性和抗磨损性，延长设备的使用寿命，减少故障发生的频率。例如，在高温、高压和腐蚀性环境下，使用耐高温、耐腐蚀的新型合金材料，可以有效减少设备在恶劣工作条件下的损坏，从而提高设备的安全性和可靠性。

新工艺的引入也能够对设备的安全性能产生积极影响。在化工生产过程中，传统的工艺流程可能会存在一些隐患，特别是在涉及危险化学品的生产环节。通过优化工艺流程，采用更为先进和安全的生产工艺，不仅能够提高生产效率，还能大幅度降低安全风险。例如，采用更为精确的温控技术、压力控制技术和流量控制技术，能够减少工艺过程中的异常波动，从而避免因操作不当或设备故障引发的安全事故。

设备的技术改进与更新不仅仅是引入新技术和材料，它还涉及设备整体设计的优化。在改进过程中，必须综合考虑设备的安全性、经济性、可维护性和可操作性。新技术的引入应当与现有的生产条件和管理体系相适应，避免因技术不匹配或操作复杂性增加而导致新的安全隐患。在设备改进和更新的同时，还需要进行严格的质量控制，确保设备在制造、安装和调试阶段达到安全标准，避免因技术缺陷而产生的安全问题。

技术改进与更新还需要配合完善的管理制度和操作规程。设备安全性提升并非一蹴而就，技术改进后，操作人员的安全意识和操作技能也必须同步提升。因此，对员工进行针对性的培训，使其掌握新设备、新技术和新工艺的使用要求，能够有效避免由于操作不当引发的安全事故。此外，定期的设备检查、维护和检修也是确保技术改进效果的重要手段。即使是经过技术更新的设备，也可能因长时间运行或环境变化而出现新的故障隐患，因此必须通过持续的维护和保养来保持设备的良好状态。

技术改进与更新的过程中，企业应当注重信息的反馈和持续改进。设备的运行数据、故障记录和安全事故报告等信息应当成为企业安全管理和技术改进的重要依据。通过对这些数据的分析，企业可以发现新的隐患和问题，进而对设备进行进一步的技术调整和优化。因此，企业应当建立起良好的信息管理和反馈机制，使技术改进和更新能够不断适应生产实际需要，为设备的安全运行提供持续保障。

四、持续监测与反馈机制

在化工企业的安全管理中，设备的稳定运行是保障生产安全的重要环节。随着工业化、智能化的不断发展，传统的设备维护和管理模式逐渐难以满足现代化工企业对安全和效率的双重需求。建立一个完善的持续监测与反馈机制，不仅能够实时掌握关键设备的运行状态，还能在出现异常情况时迅速采取措施，从而降低事故的发生概率，确保设备始终处于安全可控的状态。

持续监测系统的核心任务是通过对设备进行实时监测，获取设备的运行数据，并通过智能分析对这些数据进行实时处理与反馈。这样一来，管理人员可以在设备出现问题的初期就获得警示信息，及时采取预防和应急措施。通过这一系统，企业不仅可以对单一设备进行监控，还可以对整个生产线的运行状态进行综合分析，发现潜在的风险和隐患。这种数据驱动的管理模式，显著提高了安全保障的精确性和反应速度。

设备监测的首要步骤是数据采集。随着传感器技术和信息技术的快速发展，现代设备监测系统可以通过各种传感器和智能终端，实时采集温度、压力、振动、电流、流量等多项关键参数。这些参数直接反映了设备的运行状态和健康状况。监测系统将这些采集到的数据传输到中央控制平台，在此平台上，数据会被统一汇总、存储并进行实时处理。这一过程不仅涵盖了设备的单项指标监控,还能够根据不同设备的工作特性设定报警阈值和风险预警机制。

数据采集之后的分析处理是持续监测系统的第二个关键环节。对采集到的数据进行实时分析,能够揭示设备运行中的异常信号。当设备的某些参数超出正常范围,系统将会发出警报,提醒操作人员及时介入,避免设备继续处于不安全状态。数据分析并不局限于对单一数据点的监控,更是通过综合考虑多项运行指标,运用大数据分析、机器学习和人工智能等技术手段,对设备的整体运行趋势和健康状况进行预测。例如,对设备历史运行数据进行回顾和对比,可以发现设备在不同工况下的潜在问题,从而为设备的预防性维护提供数据支持,避免故障的发生。

在持续监测与反馈机制中,反馈环节至关重要。通过数据分析得到的反馈信息可以直接影响到设备的运行管理策略。当系统检测到设备潜在故障或运行不正常时,相关人员可以立即获得报警信息,并采取必要的控制措施。这些控制措施包括但不限于调整设备参数、暂停设备运行、启动备用系统或进行现场检查等。系统的及时反馈能够最大限度地减少设备故障的发生,并且通过提前发现问题,降低设备维修的成本,减少生产停机的时间。

监测与反馈机制的成功实现,依赖于高度集成的管理平台和精确的数据处理能力。为了确保持续监测系统的高效运作,需要采用先进的控制技术和信息化管理系统,建立跨部门、跨设备的协同机制。中央控制平台的建设不仅要求强大的数据分析处理能力,还需要具备高效的信息传递和指挥调度功能,能够迅速反应并将反馈信息传递给相关人员和部门。

持续监测与反馈机制的建设并不限于设备故障预警。随着技术的发展,越来越多的化工企业开始通过设备的监测数据,分析设备的能效和工作效率,从而实现设备的优化管理。通过持续监控,管理人员不仅可以及时调整设备运行参数,优化生产工艺,还能够根据设备的运行状况制订更加科学合理的维护计划,减少设备的非计划性停机,提高生产效率,节约能源消耗。

持续监测与反馈机制还可以为企业的安全管理决策提供重要依据。通过长时间积累的设备运行数据,企业可以进行大数据分析和趋势预测,为制定更加精细化的设备管理政策和安全管理计划提供支持。比如，通过对设备历史故障数据的分析，企业可以识别出高风险设备或频繁故障的环节，进而加大投入进行技术改造，或对相关环节进行加强监管，从而降低事故发生的概率。

在整个过程中，持续监测与反馈机制不仅仅是设备管理的工具，它更是安全管理体系的核心组成部分。设备的实时监控和数据反馈不仅可以保障设备的正常运行，还能够帮助企业形成一个动态的、及时响应的安全管理机制。这一机制通过将设备安全与管理决策紧密结合，确保了企业在日常运营中能够充分掌握设备运行状况，做出快速响应，从而有效预防和控制设备故障以及由此可能引发的安全事故。

第三节 仪器仪表与监控系统在安全管理中的应用

一、实时监测系统的构建

在化工行业，生产过程中涉及的设备和工艺往往具有高温、高压、易燃易爆等危险特性，因此，实时监测系统的构建是确保安全生产的关键环节之一。通过实时监测化工过程中的关键参数，企业可以全面掌握生产状态，及时发现潜在的安全隐患，从而采取相应的防控措施，确保工艺稳定和设备安全。这一系统不仅能保障生产的连续性，还能为事故的预防、早期发现和响应提供重要依据。

实时监测系统的核心功能是对化工生产过程中的关键参数进行全面、持续的监测。这些参数通常包括温度、压力、流量、液位、浓度、化学成分等，涵盖了从原料准备到成品出厂的各个环节。通过对这些参数的实时获取与分析，系统能够实现对生产过程中各项指标的实时掌握，并根据设定的安全标准对其进行动态监控。当监测到某一参数超出正常范围时，系统会发出报警信号，并启动自动化安全保护措施，如自动调节、停机或切换至备用设备等，从而有效避免事故的发生。

构建实时监测系统需要依赖一系列的硬件设施和软件平台。硬件设施方面，温度传感器、压力传感器、流量计等传感器是基础设施，它们被广泛安装在生产设备、管道、储罐和反应釜等重要位置，实时采集各项参数数据。这些传感器必须具备高精度、稳定性和抗干扰能力，能够在复杂的工业环境中持续可靠地工作。同时，数据采集模块需要具备较强的处理能力，确保实时数据的准确传输与处理。

除了硬件设施外，实时监测系统还需要搭建强大的数据传输与处理平台。通常，监测系统会通过现场的工业以太网、无线通信等手段将数据传输到中央控制室或云平台。数据传输的稳定性和安全性是系统建设中的重要考虑因素，必须保证数据在采集、传输和存储过程中不丢失、不篡改。数据处理平台则通过大数据分析、人工智能算法等手段，对采集到的数据进行实时分析，生成生产趋势、预警信息和安全报告。通过这种方式，管理人员能够在第一时间获得生产设备的运行状况及安全隐患，快速响应，防止事故的发生。

与其他自动化控制系统的集成也是实时监测系统的一个重要方面。在现代化工生产中，生产过程往往需要多个设备协同工作，且每个设备的运行状态都对整个生产流程产生重要影响。实时监测系统必须与DCS（分布式控制系统）、PLC（可编程逻辑控制器）、SCADA（监控与数据采集）系统等自动化控制系统进行无缝对接，实现信息共享和实时协同。在这种集成模式下，监测系统不仅能及时发出预警信号，还可以通过自动控制系统调整生产设备的运行状态，自动采取措施进行预防或控制。

随着信息技术的快速发展，云计算、物联网和大数据技术的应用为实时监测系统提供了更多的可能性。云平台可以大规模存储和分析监测数据，利用数据挖掘技术和机器学习算法，实时发现生产过程中的潜在风险，并提出优化方案。例如，基于数据的趋势预测分析可以帮助企业预测某些设备的故障或化学反应的不稳定性，从而提前安排维护和调整计划，避免生产过程中出现故障引发的安全事故。物联网技术则能够将现场的各类传感器、设备和终端集成到一个完整的网络中，实时传递数据和信息，确保各类监测设备的互联互通，为监测系统的全面性和准确性提供支持。

实时监测系统的建设还涉及数据安全与隐私保护的问题。随着监测数据量的不断增加，数据的存储、传输和处理必须遵循严格的信息安全标准，防止数据泄露或遭到恶意篡改。为此，系统应采取多层次的安全防护措施，包括加密技术、身份认证、权限管理等，确保敏感数据的安全性。同时，系统需要定期进行安全审计和漏洞检测，以应对潜在的网络安全威胁。

随着实时监测系统的不断发展，其在化工行业中的作用也愈加重要。传统的安全管理方式往往依赖人工巡检和定期检查，而实时监测系统则能够24小时不间断地监控生产设备的运行状态，及时发现潜在的安全隐患，从而为企业提供更精确、更高效的安全保障。系统通过对生产数据的全面分析，还能够帮助企业进行优化决策，提升生产效率，减少资源浪费，从而推动企业的可持续发展。

二、自动化控制与报警机制

随着化工行业对安全管理要求的不断提升，自动化控制与报警机制作为现代化安全技术的重要组成部分，越来越成为保障生产安全、减少事故发生的关键手段。自动化控制系统的引入，特别是在设备运行过程中对异常情况的即时响应，能够有效提升企业的安全生产水平，降低人为失误和操作不当引发的风险。这一技术不仅能够在生产过程中起到预防和控制作用，还能够在发生事故隐患时迅速发出警报，提醒操作人员采取及时的应对措施，确保生产现场的安全。

自动化控制系统的核心功能是通过传感器、执行器和计算机系统对生产过程进行实时监测、控制和调整。其通过监测设备运行状态、工艺参数以及环境变化等，识别潜在的风险和异常，自动调整操作过程或发出警告信息。这种自动化的过程控制，不仅减轻了操作人员的负担，还提高了生产过程的精确度和安全性。与传统的人工操作相比，自动化控制系统能够实时处理大量数据，快速响应各种突发情况，避免了由于操作迟缓或信息传递不及时导致的安全事故。

报警机制是自动化控制系统中的重要组成部分，通常与系统的监测功能紧密结合。报警机制的作用是在设备或工艺流程发生异常时，能够迅速将问题反馈给操作人员或安全管理人员，以便他们能够迅速采取措施，防止事态的进一步恶化。通过设置多个报警级别，系统可以根据异常的严重性自动发出不同级别的警报，确保相关人员能够根据警报的强度做出合理的响应。报警系统的灵敏度和准确性直接影响到系统的有效性，过于敏感或过于迟钝的报警系统都会影响生产过程的正常运行和安全管理的效率。

自动化控制与报警机制的应用并不限于预警系统的启动。它还能够在问题发生的初期阶段就进行介入，自动调整生产参数或启用备用设备进行替代。这种自动化调节功能，能够减少人为操作的依赖性，避免了由于操作人员反应不及时或对设备故障判断不准确而可能导致的事故。随着智能化技术的不断发展，现代化的自动化控制系统不仅能够处理复杂的工艺参数和设备状态，还能够根据历史数据进行智能预测，提前识别出可能发生的故障或事故隐患，为事故防范提供前瞻性的支持。

自动化控制与报警机制的有效性依赖于其系统的完善程度。首先，系统必须具备高精度的监测功能，能够全面采集生产过程中的各类数据，包括温度、压力、流量、浓度等关键工艺参数，确保系统能够全面反映生产设备的运行状态。其次，控制系统需要具备快速响应的能力，一旦监测到异常情况，能够迅速启动预设的控制程序或报警机制，避免因设备异常而引发更严重的后果。最后，报警机制的设计应考虑不同工艺和设备的特点，合理设置报警级别和响应措施，以确保报警信息的及时传递和有效反馈。

在实际操作中，自动化控制与报警机制不仅仅依赖于硬件的投入，更需要与企业的管理体系和安全生产流程紧密结合。系统的运行需要经过充分的测试和验证，确保其在各种复杂环境下的稳定性和可靠性。同时，操作人员需要定期对自动化系统进行维护和检查，确保系统的精度和灵敏度保持在最佳状态。此外，自动化控制与报警机制的引入也需要配合相应的培训与演练，提高操作人员的应急反应能力和安全意识，使其能够在出现警报时迅速做出正确判断，采取适当的措施进行应对。

自动化控制与报警机制的引入，标志着企业在生产安全管理上迈出了重要一步。这一技术不仅能够显著提高生产过程的安全性，还能够提高整体生产效率。通过自动化技术的应用，企业能够实时掌握设备和工艺的运行状态，及时发现并解决潜在问题，确保生产过程的平稳运行。同时，报警机制的自动化响应，能够帮助操作人员在面对突发事故时做出迅速反应，减少事故的发生概率和损失。

三、数据采集与分析

在化工安全管理中，数据采集与分析是保障安全生产、提高操作效率和防范事故发生的重要手段。随着技术的进步，现代化工企业已逐步采用先进的仪器仪表进行数据采集，这不仅为生产过程的监控提供了实时信息，也为安全管理决策提供了科学的依据。数据采集与分析通过对设备运行状态、环境条件、物料流动等方面的数据进行全面、细致的监测和处理，能够及时发现潜在的安全隐患、预测设备故障，并为优化生产过程和提升安全管理水平提供支撑。

数据采集是整个数据分析过程的基础。化工生产过程复杂且充满变化，许多潜在的安全风险可能在短时间内并不显现，传统的人工检查和目视监测无法有效发现和预测这些隐患。先进的仪器仪表，如传感器、流量计、温度计、压力表等，能够实时监测设备和生产线的各项参数。这些仪器通过不断收集设备的运行数据，形成大量的历史数据，这些数据是评估设备状况、发现问题、进行改进的基础。通过持续的在线监测，企业可以全面了解各环节的运行状态，发现潜在的问题，并采取必要的预防措施。

数据采集并不限于单一设备的监测，更多的是通过系统化、网络化的方式进行综合监控。在现代化的化工生产中，仪器仪表通常会被接入到一个集中的数据采集和监控平台中，通过数据集中管理实现全厂范围的监测。这种数据集中化的方式能够有效打破信息孤岛，将各个子系统之间的数据联系起来，形成全局化的数据视图，便于管理者全面了解生产过程中的安全状况及其变化趋势。

在数据采集完成后，数据分析便成为保障安全管理的关键环节。通过对历史数据的深入分析，企业可以识别设备运行中的规律与异常，并且预测设备潜在的故障或系统性问题。这一过程通常包括多种分析方法，如统计分析、趋势分析、回归分析和机器学习等。统计分析可以帮助管理者识别设备运行中的常规波动和异常变化，趋势分析则能够揭示设备运行状态的长期变化趋势，从而提前预警可能的故障或风险。通过数据分析，管理者可以更精准地把握设备的健康状况，识别潜在的设备故障，并根据预测结果制订相关的维修或更换计划，避免设备出现重大故障或事故。

数据分析还可以揭示出生产过程中的瓶颈环节，帮助企业优化生产流程，提升整体安全性。通过对设备运行和工艺参数之间关系的分析，企业可以找到影响安全生产的关键因素，进而采取措施对其进行调整。比如，某些工艺参数的波动可能会导致设备超负荷运行或反应过程不稳定，通过数据分析可以及时调整工艺参数，确保生产安全。

数据分析的一个重要应用是对异常数据的识别与处理。设备的运行状态受多种因素的影响，通常在设备出现故障之前，会有一些异常信号表现出来。例如，压力、温度等关键参数的波动，或者传感器测得的数据与设定值之间的偏差，往往预示着设备存在潜在故障或安全隐患。通过对历史数据的对比分析，企业能够快速发现这些异常，进行报警提示，并指导维护人员对设备进行检查和维修。异常数据的及时识别不仅能够减少事故发生的风险，还能提高设备的运行效率，延长设备的使用寿命。

数据采集与分析还在风险评估和安全决策中发挥着至关重要的作用。通过对生产过程中各类数据的分析，企业可以进行全面的风险评估，识别出潜在的安全风险点。例如，通过分析历史数据，企业可以识别出设备在特定环境条件下或在某些工作状态下更容易发生故障，从而有针对性地采取预防措施。数据分析并不限于设备层面，整个生产过程的安全性也可以通过数据监测和分析进行优化。例如，化工企业可以通过分析各生产环节的运行数据，识别出可能存在的安全隐患，优化操作流程，减少安全事故的发生。

通过数据采集与分析，化工企业能够实现更加精准的决策，提升生产效率的同时，保障员工的安全。与传统的人工检查方式相比，数据分析具有更高的效率和准确性。在进行数据分析时，通常结合人工智能、机器学习等先进技术，可以进一步提升分析结果的准确性与前瞻性。现代化工企业可以利用这些分析结果制定科学合理的安全管理策略，优化安全管理措施，形成基于数据的安全生产管理体系。

四、集成化监控平台

随着化工行业对安全管理的要求不断提高，传统的单一设备监控已无法满足复杂的生产需求。化工企业需要一个能够整合不同仪器和设备数据的集成化监控平台，这不仅能够实现生产过程中各环节的全面监控，还能提高安全管理的效率与准确性。构建集成化的监控平台是现代化工安全管理体系中的一项关键创新，它通过对各类数据的集中处理和综合分析，为企业提供实时、精准的安全监控支持。

集成化监控平台的核心目标是实现对生产过程中各个环节、各类设备的全面管理。通过该平台，企业能够实时监控各类设备的运行状态、环境参数及安全指标。无论是设备故障、工艺异常，还是环境条件的变化，平台都能在第一时间提供预警信息。这样一来，安全管理者和操作人员能够及时采取措施，避免潜在风险的发展，从而大大提高生产过程的安全性和稳定性。

构建集成化监控平台的第一步是对现有的各类监测设备和传感器进行整合。这些设备可能包括温度、压力、流量等多种参数的测量仪器，而它们的输出数据形式和传输方式各不相同。因此，在平台的设计过程中，需要解决数据标准化和兼容性的问题。通过对不同设备数据的统一格式化和通信协议的转换，所有数据能够在同一个平台上进行有效整合。这一过程中，数据采集、传输、存储及处理的技术架构需要经过精心设计，以确保数据的准确性和实时性。

强大的数据分析与决策支持功能是集成化监控平台的一个重要特点。通过对实时监控数据的收集和分析，平台能够识别潜在的安全隐患，并基于历史数据和大数据技术进行趋势预测。例如，当某些生产参数超过预设的安全阈值时，平台能够发出预警并提示操作人员采取措施。通过对设备运行数据的长期积累，平台还能够进行设备状态的评估，判断哪些设备存在故障风险，从而提前安排维护与检修。这种预防性的维护策略可以有效延长设备的使用寿命，并防止由设备故障引发的安全事故。

除了数据监控和分析外，集成化监控平台的集成功能还体现在其与其他管理系统的无缝衔接上。现代化工企业通常需要涉及生产调度、仓储管理、质量控制、环境监测等多个系统，而这些系统之间的信息孤岛问题常常会影响整体的工作效率和决策的准确性。集成化监控平台通过与企业其他管理系统的数据共享和对接，实现了生产、质量、安全、环境等多维度的集成管理。这不仅提高了信息流转的效率，还使得企业能够在一个平台上进行多项决策支持，从而提升整体的管理水平。

从安全管理的角度来看，集成化监控平台提供了极大的便利。传统的安全管理方式往往依赖于人工巡视和定期检查，存在较大的安全隐患和操作失误的可能。而集成化平台通过自动化的监控和预警系统，能够持续不间断地对生产过程进行实时监测。在出现异常情况时，平台能够及时触发警报并自动记录异常数据，这些数据可作为后续调查和分析的重要依据。平台还可以自动生成安全报告和工作日志，方便管理层对安全生产状况进行跟踪和评估。通过这种集成化、智能化的安全管理模式，企业能够更高效地识别安全隐患，减少人为操作失误，避免安全事故的发生。

集成化监控平台的实施还对人员管理和培训提出了新的要求。随着平台的逐步普及，操作人员和管理人员需要具备一定的技术素养，能够熟练使用平台进行操作和决策。这要求企业在人员培训上投入更多资源，为员工提供专业的技术支持和技能提升。与此同时，集成化监控平台还能够通过数据可视化的方式，简化操作人员的工作流程，提高其对复杂生产过程的理解和应急处理能力。平台的图形化界面能够将生产过程中的各种数据以直观、易懂的方式呈现，帮助操作人员快速掌握生产动态并做出相应反应。

第四节 安全设施的设计与技术标准

一、安全设施设计的原则

在化工行业中，安全设施的设计至关重要，因为这些设施直接关系到企业的生产安全、员工的生命安全以及环境的保护。因此，在设计安全设施时，必须遵循一系列严格的原则，确保其具备有效的预防、控制和应急响应能力。这些原则包括安全性、可靠性、可维护性和经济性。

安全性是设计安全设施的第一个原则。安全设施的根本目的是防止事故的发生、降低事故对人员和设备造成的损害以及保障环境免受污染。因此，设计过程中必须从风险评估的角度出发,确保安全设施能够有效应对各类可能出现的安全隐患。无论是火灾、爆炸还是有害气体泄漏等风险,安全设施的设计都应能够提供足够的防护,确保能够在事故发生时迅速、有效地进行应急处置。为了实现这一目标,设计人员需要对化工工艺流程、设备设施及其工作环境进行全面的安全分析,识别出所有潜在的危险源,从而确保设计方案能够涵盖所有安全防范的需求。此外,安全设施应具有高灵敏度和高响应速度,以便在安全事故初期便能够启动并发挥作用,最大限度地减少灾害的影响。

可靠性是安全设施设计中的第二个原则。可靠性不仅意味着设施能够在正常工作条件下长时间稳定运行,还要求其在事故发生时能够及时而有效地发挥作用。安全设施的任何一个环节都不能出错,因此,在设计阶段必须确保每一项设备和系统都经过严格的功能测试和性能验证。设计方案应优先考虑设备的稳定性和故障预防能力,确保在极端环境下也能顺利运作。同时,还要保证设施能够适应长期运行中的磨损和老化,避免因设备故障而影响整体安全性能。

可维护性是安全设施设计中的第三个原则。随着化工生产过程的日益复杂化,设备的维护和管理成为保障安全运行的必要环节。可维护性要求设施的设计不仅能保证设备在初期投入后的长期使用,还要在设施出现故障时,便于迅速检测和修复。设计时,应考虑设施的易检修性和替换性,减少因设备故障导致的停产时间和维修成本。为了实现这一点,设计人员需要提供清晰的操作和维护指南,并在设施的结构布局上进行优化,使得维修人员能够方便地接触到设施的各个部分,进行检查和维修。此外,安全设施还应具备自诊断和报警功能,以便在出现潜在故障时提前预警,从而防止问题进一步扩大,避免因设备故障导致的安全隐患。

经济性是安全设施设计的第四个原则。在确保安全性、可靠性和可维护性的基础上,安全设施的设计还应尽可能地控制成本。虽然安全设施的投入是企业生产安全的保障,但过高的设计成本可能会给企业带来不必要的经济负担,因此,设计人员需要在功能与成本之间找到平衡。设计时,应综合考虑设备的采购、安装、运行和维护成本,选择性价比高的技术和材料。在保证设施安全功能的前提下,应尽量优化设计方案,避免不必要的设备和功能,减少冗余设计,降低整体建设和运行成本。经济性原则的实施不仅能够帮助企业降低初期投资，还能在长期运营中降低运行和维护成本，提升企业的整体竞争力。

安全设施设计的原则是一个系统的整体，不仅要求设施具备高度的安全性和可靠性，还需要考虑到设备的长期可维护性及经济性。在化工企业中，安全设施的设计不仅是保护员工生命安全和企业资产的手段，更是确保企业长期稳定运行、实现可持续发展的基础。因此，设计人员必须从全局出发，综合考虑多方面的需求和约束，确保设计的安全设施能够最大限度地保障安全、稳定和经济的运行。

二、行业技术标准的遵循

安全设施的设计与建设是化工企业安全管理体系中的核心部分，它直接关系到生产安全、员工生命安全及环境保护。在这一过程中，遵循行业技术标准和法规要求显得尤为重要。行业技术标准不仅提供了系统性的安全设计指导，也规范了安全设施的运行维护方式，确保其在实际应用中能够发挥最大效用，降低事故风险，保障生产过程的稳定性和安全性。

行业技术标准在安全设施设计中的作用是至关重要的。设计阶段是安全设施建设的起点，标准为设计人员提供了明确的技术要求和实施步骤，避免了由于设计失误或不合规而带来的潜在危险。化工企业在设计安全设施时，必须根据行业标准中对设备、材料、结构及工艺等方面的规定，严格遵守相关设计规范，确保所有安全设施的设计合理性和实用性。无论是防爆设施、通风系统还是防泄漏装置，设计人员都必须依据标准明确其技术参数和安全性能，做到科学、严谨和规范。只有在符合标准的设计框架下，安全设施才能有效地发挥作用，防止因设计缺陷导致的安全事故。

行业标准为安全设施的建设与安装提供了统一的技术要求和流程。标准不仅规范了设施的技术指标，还对施工工艺、操作流程和验收标准等做出了明确规定。化工企业在建设过程中，必须按照这些标准严格执行，确保每一项安全设施在安装时不出现偏差。在建设过程中，企业应建立完善的施工管理体系，确保所有安全设施的安装都符合行业技术标准的规定。任何一次不符合标准的施工，都会直接影响安全设施的功能性和可靠性，进而增加企业面临事故的风险。因此，遵循行业技术标准不仅有助于提高建设质量，也能有效避免由于施工不当而导致的安全隐患。

行业标准还对安全设施的运行和维护提供了重要指导。安全设施投入使用后，其运行状态将直接影响企业的安全生产。标准要求企业建立定期检查和维护机制，确保设施始终处于最佳运行状态。在使用过程中，设备和系统可能会出现老化、磨损、腐蚀等问题，这些问题如果不及时发现和解决，将导致设施失效或性能下降。企业在设施运行过程中，必须严格按照行业标准进行定期检查和必要的修复。标准中通常规定了设备的使用寿命、维修周期、检测项目以及检测方法，企业必须严格遵守这些规定，确保安全设施能够长期保持高效、稳定的运行状态。只有不断地维护和保养，才能使安全设施长期发挥其预期功能，防止设施故障引发的安全事故。

在现代化的化工企业中，行业标准不仅仅是设计和建设的依据，更是企业安全管理文化的重要组成部分。企业在日常生产过程中，必须通过严格执行标准来规范员工的安全行为。员工对标准的理解和执行直接关系到设施的实际运行效果，甚至关系到整个生产过程的安全性。因此，企业应定期组织员工开展标准培训，提高员工对安全设施的理解与遵守意识，从而确保标准在企业内部的全面落实。这种标准化的管理不仅能够促进企业内部安全管理的规范化，还能提升员工的安全责任感，进一步降低事故发生的风险。

安全设施的设计、建设和维护涉及多个环节，任何一个环节的疏忽都可能带来不可忽视的安全隐患。遵循行业技术标准和法规要求，是确保各个环节顺利衔接、避免安全事故的关键所在。化工企业只有通过对标准的严格遵循，才能确保安全设施在设计、建设、运行各个阶段都达到预期的安全效果。在这一过程中，企业不仅要遵循外部规定，更要主动融入行业安全文化和规范化管理体系中，从而为生产过程的安全性提供有力保障。

行业技术标准的遵循对化工企业的安全生产至关重要。标准的严格执行，不仅保证了安全设施的设计、建设和维护符合最佳技术要求，还确保了企业能够在复杂多变的生产环境中有效防范安全风险。随着科技的进步与管理理念的不断更新，行业技术标准也在不断完善和发展，化工企业需要保持对这些标准的持续关注与学习，确保其能够在最新的安全技术框架下进行合规运营。通过不懈地遵循行业技术标准，化工企业不仅能够提升自身的安全管理水平，也能够为行业的安全发展做出贡献。

三、应急设施的设置

在化工生产环境中，由于所涉及的物质种类复杂且具有较高的危险性，事故发生的潜在风险较大。为了保障人员安全、设备安全及环境安全，化工企业必须建立并合理配置应急设施。应急设施的设置不仅是应对突发事故的基础，也是保障生产稳定运行的必要手段。应急设施的合理设计与配置可以有效降低事故发生时的损失，确保事故发生后能迅速响应，控制事态蔓延，最大限度地保护生命财产安全。

在化工生产过程中，设备的停机系统是应急设施中最为关键的一部分。紧急停机系统是为了在发生事故时，迅速切断或停止生产过程中的危险环节，防止事故扩大或进一步恶化。该系统的设计需要根据工艺流程、设备特性及可能发生的风险类型进行综合评估。在具体实施时，紧急停机系统不仅要在设备或管道出现故障时能够快速反应，还需要具备高度的自动化程度，以确保在操作人员未及时介入的情况下，系统能够自主判断并完成紧急停机动作。此类系统的设计应确保响应时间最短，以便在最短时间内控制事态，减少事故蔓延的风险。

消防设施的建设也是应急设施的一个重要方面。在化工生产中，火灾是最常见的事故之一，尤其是在生产过程涉及易燃易爆物质的情况下，火灾的危害更为严重。因此，消防设施的布局必须遵循科学的原则，确保在发生火灾时能够迅速扑灭火源，控制火灾蔓延。消防设施的设置应包括灭火器、消防栓、自动喷水灭火系统、消防通道等，同时还需配备专门的消防队伍，定期开展消防演练，确保应急响应速度和扑火能力。此外，化工企业应配备火灾报警系统，当火灾发生时能够及时发出警报，提醒人员撤离和启动消防措施。对于不同类型的化学品，必须根据其火灾特性选择合适的灭火方法和设备，避免因灭火手段不当导致的二次灾害。

泄漏应急处理设备的设置也是化工企业应急设施中不可忽视的重要内容。在化工生产过程中，物质泄漏是一种常见且危险的事故类型。泄漏事故不仅可能导致火灾、爆炸等二次灾害，还可能对环境造成污染，影响周围居民的健康。化工企业在设施建设时，必须考虑到各种可能的泄漏情景，并配备适当的应急处理设备。这些设备包括但不限于泄漏检测仪、泄漏控制装置、吸附剂、密闭设施、泄漏封堵材料等。泄漏应急处理设备的设置应当与生产设施的布局密切配合，确保在发生泄漏时，相关设施能够迅速响应，并有效阻止有害物质扩散到周围环境。此外，还应定期对泄漏应急处理设备进行检修和维护，确保其在紧急情况下能够正常运转。

除了上述应急设施外，化工企业还应设置完善的应急指挥系统和救援通道。应急指挥系统应具备高效的信息传递功能，能够在事故发生时，迅速收集和分析现场数据，并指挥救援力量及时开展处置工作。指挥系统不仅要求技术先进，还要具备稳定性和可靠性，确保在事故期间不会因设备故障影响应急响应。救援通道则是事故发生时人员疏散的重要通道，其设计应遵循便捷、宽敞、不易阻塞的原则，确保员工在紧急情况下能够迅速撤离至安全区域。

应急设施的设置不仅仅是为了应对突发事件，更是化工企业日常安全管理的一部分。合理配置和定期检查这些应急设施，有助于提高应急响应的效率，并确保企业在面对突发事故时，能够最大限度地减少人员伤亡、财产损失以及环境污染。企业还应加强应急演练与培训，确保员工熟练掌握应急设施的使用方法。通过不断提升应急设施的可靠性和应急响应的熟练度，企业能够在实际事故中发挥应急设施的最大效用，避免因缺乏准备导致更严重的后果。

应急设施的合理设置是化工企业安全管理中的一项重要内容。通过紧急停机系统、消防设施、泄漏应急处理设备以及应急指挥系统等设施的合理配置和科学管理，企业能够在事故发生时迅速有效地进行应急处置，控制事故蔓延，减少损失。有效的应急设施不仅是应对突发事件的基础，也能保障企业的生产安全、员工的生命安全以及环境的可持续性，形成企业全面安全管理体系的有力支撑。

第十章 应急管理与事故响应

第一节 化工行业的应急管理体系

一、体系构建的重要性

化工行业应急管理体系的构建是保障安全生产的基础。随着化工企业生产过程中的风险逐渐增大,尤其是在复杂的工艺流程和高风险的原材料使用下,如何有效预防事故的发生并迅速应对突发事件,已经成为衡量一个化工企业安全生产水平的重要标准。而应急管理体系的建立与完善,不仅是应对突发事故的必要手段,更是提升企业整体安全管理水平、确保生产稳定和保障员工生命安全的关键所在。

建立应急管理体系有助于系统性地识别和评估潜在的风险。在化工生产过程中,许多风险因素潜藏在各个环节和工艺中,往往是难以通过传统的管理手段完全消除的。通过构建全面的应急管理体系,企业能够使用风险评估工具,结合生产过程中的历史数据和技术标准,对潜在的风险进行全面识别、分类和评估。这种风险识别不仅包括突发事故的可能性,还包括可能造成较大损失的事件、系统性风险以及外部环境对企业的影响。通过有效的风险评估,企业能够制定相应的应急预案,确保在风险事件发生时,能够有条不紊地进行应急处理和响应。

完善的应急管理体系能够为事故预防提供结构性支持。化工行业的许多事故往往是由于在生产过程中对潜在风险的忽视或应急管理的不完善所导致的。通过建立应急管理体系,企业能够将风险控制融入日常管理流程中,做到事前预防和事中控制。在应急管理体系的框架下，化工企业可以明确分工、责任到位，通过制定各类应急操作规程、配置必要的应急设备和设施、进行应急演练等措施，为事故的发生预设应急反应步骤，从而降低事故发生的概率。特别是在处理可能发生的突发事件时，体系化的应急管理可以确保管理层和一线员工的迅速反应，做到迅速处置问题，并减少事故对企业、环境和员工带来的危害。

应急管理体系不仅仅是为了应对已经发生的事故，它同样对事故的后果控制和恢复工作至关重要。事故发生后的善后工作，往往决定了事故对企业造成的损失程度和恢复速度。应急管理体系通过明确事故处理流程、事故调查机制、责任归属等，帮助企业在事故发生后能够及时启动应急响应机制，进行有效的控制、处置和恢复。同时，体系内的事故后评估与总结机制能够促进企业从事故中吸取教训，避免类似事故的重复发生，从而提升整体的安全管理水平。这一过程的核心在于通过建立长期有效的反馈与修正机制，持续推动企业管理的优化，确保应急管理工作不只是应对当前的风险，还能为未来的安全管理提供更强有力的支持。

完善的应急管理体系有助于建立企业内部的安全文化和培养员工的安全意识。在化工行业的生产环境中，员工的安全意识和工作习惯直接影响着企业的安全状况。通过应急管理体系的构建，企业能够将安全管理与员工的日常工作紧密结合。体系中对于应急预案的演练、对员工的安全培训、对应急响应流程的熟悉等，都能够大大增强员工的安全意识和应急反应能力。安全文化的建立并不限于管理层的重视，它还需要全体员工的参与和配合。在这种文化氛围的影响下，员工不仅仅是应急管理体系的执行者，更多的是其主动参与者和推动者。随着应急管理体系的不断完善和员工安全意识的逐步提高，企业整体的安全水平也会得到有效的提升。

化工行业应急管理体系的构建还具有强大的外部协同作用。在许多情况下，化工企业的安全管理不仅仅是内部管理的问题，还涉及政府、社会以及其他相关方的协同合作。应急管理体系能够为企业与外部相关方建立起有效的沟通和协作渠道。在出现重大事故时，企业的应急响应体系能够与政府部门、应急救援机构以及社会公众形成快速的信息流通与协作机制。建立明确的沟通与联动机制，不仅能够提高应急反应速度，减少社会负面影响，还能增强公众对企业安全管理能力的信任，推动企业与社会各界的共同进步。

化工行业应急管理体系的构建不仅是为了应对突发的事故，还是化工企业实现安全生产的基本保障。通过完善的体系化管理，企业能够有效识别潜在风险、进行事故预防、提升员工安全意识、协调外部合作，最终实现降低事故发生率、提高应急响应能力和最大限度地减少事故损失的目标。因此，建立健全的应急管理体系，已成为化工企业现代化管理中不可或缺的一部分，值得企业高度重视并不断优化。

二、法律法规的遵循

在化工行业中，企业的应急管理体系必须严格遵循国家及地方的相关法律法规。法律法规不仅为企业应急管理提供了明确的框架和指导原则，而且在一定程度上保证了应急管理工作的科学性和合法性。遵循这些法规是企业合规经营、降低风险和确保员工及环境安全的基本要求。

企业必须清楚了解和掌握相关的法律法规，这些法规涉及的领域不仅包括环境保护、工人健康与安全、危化品管理等，还涉及事故报告、应急响应与处理的具体要求。法律法规的遵循对企业的应急管理体系建设起到了决定性的作用。合理的应急管理要求根据不同种类的突发事件制定有效的应急预案，且应急预案需符合国家和地方政府关于安全生产、环境保护等方面的法律规定。通过遵循这些法律法规，企业能够确保其应急管理体系的合法性，避免因应急管理不到位或违规操作而遭受法律制裁或经济损失。

企业应急管理体系的建立应当符合国家和地方政府对化工行业、特殊工艺、危险品管理等相关法规的要求。在制定应急预案时，企业必须考虑并整合到相关的法律要求，如危险化学品管理条例、环境污染事故应急预案等，这些法规对于化工企业而言具有特殊的重要性。法律法规的要求不断变化和完善，因此企业需要定期检查和更新应急预案，确保这些预案能与新的法律规定相一致。随着相关法律法规的不断修订和更新，企业的应急管理体系也需要进行相应调整，以保证其长期合规性。

法律法规对于企业的应急管理提出了对事故预防、应急响应及事故后处置的多项要求。对于企业来说，法律法规是预防事故发生的行为规范，也为企业在应急处理过程中提供了明确的操作步骤。相关法律法规对事故报警、事故报告的及时性和处理流程有严格的要求，企业必须在应急管理预案中明确规定报警流程、事故报告渠道以及处置流程，以确保当突发事件发生时能够迅速启动应急响应机制，最大限度地减少事故的损害和经济损失。

法律法规还对企业在应急管理中的责任进行了明确划分。企业不仅要承担起对事故的应急处置责任，还要承担事故发生后的赔偿责任、环境恢复责任及社会责任等。企业在制定应急管理体系时，应根据相关法规明确不同责任主体的职责和任务，确保每一项应急处置措施都有专人负责，并且责任到人。只有明确的责任制度，才能在突发事件发生时，迅速做出反应，减少法律责任的追究。

应急管理体系的法律遵循还要求企业在事故调查与追责过程中提供合规的记录与证据，这对于企业未来的法律风险管理至关重要。在应急响应过程中，企业需要确保各项操作符合相关法律要求，避免因违规操作而导致责任追究。在事故发生后的调查阶段，企业应配合相关政府部门进行事故调查，并提供必要的记录和数据，确保事故原因能够被正确、客观地评估。同时，法律规定对事故的追责力度逐步加强，企业应通过加强自身的法律意识，避免在事故调查中因证据不充分或违法行为而面临额外的法律风险。

企业的应急管理体系不仅应遵循法律法规的要求，还应积极参与行业协会和相关监管机构的安全标准和技术规范的制定与完善。随着法律法规的日益复杂化和国际化，企业应当根据国内外的相关法规，特别是行业的最新法规动态，定期进行应急管理培训与演练，确保企业应急管理人员在实际应急操作中能够熟练掌握并严格遵循法律规定。同时，企业还应定期对员工进行法律法规方面的培训，使其了解相关法律知识，并在突发事件中能够依法行事，避免因为操作不当引发更大的损失。

遵循法律法规不仅是企业应急管理体系合法性的基础，更是保障员工生命安全、减少环境污染、降低经济损失的根本保障。企业在建设应急管理体系时，必须从法律法规出发，认真对待法规要求的每一个细节，并确保应急预案和管理措施在实施过程中与法律要求保持一致。通过遵守法律法规，企业不仅能够有效减少法律风险，还能够提升其整体的安全管理水平，进而为社会的可持续发展做出应有的贡献。

三、多方协作与资源整合

应急管理是一个高度复杂且多层次的过程，涉及各方力量的协调与合作。化工行业，特别是面对突发的安全事故和灾难性事件时，单一主体的力量往往是有限的。为确保应急反应的高效性与有效性，企业必须与政府部门、应急救援机构及其他相关单位建立紧密的协作关系，通过资源整合和信息共享，提升整体应急响应能力。

多方协作的核心在于建立一个顺畅的沟通机制。化工企业需要与政府部门建立密切的沟通渠道，确保在突发事件发生时，信息能够迅速、准确地流通。政府部门，特别是应急管理局、环保局、消防部门等，拥有一定的应急管理职责和资源支持。在紧急情况下，企业的第一反应通常是向政府报告事故并获取协助。这种及时的信息共享机制，不仅能帮助政府部门迅速掌握事态发展，还能确保企业得到及时的支持与指导。政府的协调作用非常关键，尤其在处理跨行业、跨区域的复杂应急事件时，它可以提供法律框架和行政指导，帮助整合多方力量。

除了政府部门，企业还需要与专业的应急救援机构建立长期的合作关系。应急救援机构拥有专业的设备、技术和人员，能够在事故发生时提供迅速的救援支持。企业在平时就应当与这些机构建立联系，了解他们的工作流程和技术特点，以便在紧急时刻能够快速协同工作。企业应主动提供设施和技术支持，使得应急救援机构在发生事故时，能够立即投入工作，发挥最大效能。企业还应定期与应急救援机构开展联合演练，确保各方在应急响应中的协同配合能够顺利实施。

资源整合是提高应急管理效率的关键。在化工行业，应急资源不仅仅包括物资、设备和人员，还包括信息、技术、资金等多个层面。为了实现资源整合，企业需要在平时就做好准备，确保在发生紧急事件时，能够迅速调动各方资源。首先，企业应建立一个完善的应急物资储备系统，确保必要的应急设备和资源如消防器材、应急照明、救援工具等随时可用。这些物资的储备不仅是企业应急管理的基础,也是提升应急响应速度和效果的保障。

在信息资源的整合方面,企业需加强与政府、应急救援机构以及社会各界的合作,确保信息传递的准确与及时。通过信息化手段,建立数字化的应急管理平台,实时更新事故信息和应急响应状态。这样不仅可以帮助各方获取及时的数据,还能为决策者提供更为精确的事故评估,进而采取科学的应急措施。此外,信息整合也可以帮助各方制定统一的应急预案,避免在实际操作中因信息不对称而导致的资源浪费或响应延误。

技术资源的整合同样不可忽视。随着科技的发展,现代化的应急技术和装备已成为提升应急响应能力的重要工具。应急管理过程中,一些突发事故可能涉及有毒有害物质的泄漏或复杂的火灾救援,这时候高科技设备和技术的支持显得尤为重要。企业应当依托先进的技术平台,整合包括无人机、机器人、传感器等在内的现代化设备,以提高事故现场的勘察、评估和处理效率。同时,技术人员的培训和知识储备也是资源整合中的重要组成部分,企业应当定期进行技术演练和培训,确保相关人员能够熟练操作应急设备,及时有效地处理突发事件。

资金资源的整合在应急管理中同样发挥着重要作用。虽然应急管理体系的建设需要大量的资金投入,但及时的资金支持却能在紧急时刻发挥至关重要的作用。企业可以通过建立应急资金池、与保险公司合作等方式,确保在发生事故时能够立即调配资金进行紧急处置。此外,政府部门和相关机构在发生重大突发事件时,通常会提供资金支持或专项补助,因此与政府及相关金融机构的合作关系也非常重要。

资源整合和多方协作并非一蹴而就。它需要企业在平时就进行充分的准备与规划,通过与政府、救援机构及社会各界的长期合作,确保各方在突发事件中的快速响应。企业应定期组织各类联合演习和培训,检验各方的协作效果,发现潜在的问题并及时改进。同时,企业应通过持续的评估和总结,不断优化应急响应机制,提升整体应急管理水平。

多方协作与资源整合是提升应急响应能力的关键环节。在化工企业的应急管理中,政府部门、应急救援机构以及企业内部各个部门的合作至关重要。通过建立高效的沟通机制和资源整合平台,企业能够更好地应对突发事件,确保事故得到及时有效的处置，最大限度地降低事故对企业及社会的危害。这不仅要求企业在平时加强与各方的合作，还需在实际应急过程中，通过协调和协作，确保应急资源能够迅速到位，形成合力，从而有效应对复杂的应急挑战。

第二节 应急响应流程与操作规程

一、应急响应的启动条件

应急响应是指在发生突发事故或紧急情况时，组织或企业为控制事态发展、减少损失、保护人员和环境安全而采取的综合性行动。应急响应的启动条件对于保证及时、高效地应对紧急情况至关重要，它是决定是否启动应急预案、部署应急资源、实施应急措施的基础。启动条件的明确与否直接影响应急响应的速度和效果，因此，企业或组织必须对启动条件进行细致的规划与评估。

应急响应的启动条件需要依据事故的性质进行评估。不同类型的突发事件，其响应措施、处理流程、影响范围和紧急程度均有所不同。比如，化学泄漏、火灾、自然灾害或设备故障等事故，虽然在本质上属于紧急情况，但所需的应急资源、处理方法和响应策略却不尽相同。事故的性质决定了事件的优先级，帮助决策人员明确是立即响应还是需要进一步评估。在评估事故性质时，相关人员必须迅速判断事故是否属于能够直接危及生命安全、环境或重大财产损失的高危事件，这对于判断启动应急响应是否必要以及应急预案的实施方式具有决定性意义。

应急响应启动条件的核心要素之一是事故的严重程度。事故的严重性通常通过多个方面来评定，包括事故对人员安全的威胁程度、对环境的潜在危害、对企业生产和运营的影响，以及事故造成的经济损失。严重程度较高的事故，往往需要立刻启动应急响应流程，动员应急资源并实施全员介入的措施。例如，当事故可能造成大量人员伤亡或产生大规模环境污染时，应立即启动应急预案，并调动企业的各类资源进行处置。同时，事故的严重程度也影响到应急响应的层级和人员配置，严重事故可能需要高层决策者直接介入，快速调度跨部门或外部救援力量。

事故发生的时效性也是应急响应启动的一个重要条件。在突发事故中,时间的控制是至关重要的。通常情况下,事故初期往往是处理效果最为显著的阶段。事态越早得到控制,可能引发的连锁反应和二次灾难的风险就越低。因此,判断启动应急响应的时效性,需要评估事故是否处于可控阶段,是否存在快速蔓延的风险,以及是否能够在第一时间内进行有效干预。事故的发生时间对应急响应的启动条件有着直接影响,特别是在事故发生后的一段时间内,企业需要根据现场情况进行动态评估,确认是否应进入应急响应状态。

应急响应启动还依赖于事先设定的标准和预警机制。在很多情况下,事故发生前,企业已通过安全检查、设备监控、环境感知系统等手段获取了预警信号,这些预警信号可能提示某些风险因素的存在,进而成为应急响应启动的前兆。在一些高危行业,如化工、石油、天然气等领域,企业通过建立监测预警系统、定期开展风险评估,可以在潜在风险发生之前及时捕捉到征兆。当监测系统发出预警,或通过其他途径获取到可能导致事故的迹象时,决策者可以根据预定的启动条件及时启用应急响应,避免事故的蔓延或扩大。此时,预警信息的真实性与准确性将直接决定应急响应是否启动。

应急响应启动条件还包括对资源和能力的评估。在应急响应过程中,是否具备足够的资源(如人力、设备、资金等)和响应能力,往往决定了应急行动的效果。在某些情况下,即使事故本身较为严重,若组织未准备足够的应急资源,启动应急响应的意义也可能会受到影响。在应急响应启动之前,组织需要对其应急资源进行评估,确保具备足够的技术力量、物资储备以及协调能力来应对紧急情况。这种资源评估并不限于内部资源的调配,还可能需要与外部机构合作,进行跨部门、跨地区的资源协调。

应急响应启动条件必须考虑到事故的可控性。当事故发生后,相关人员必须迅速评估是否能够通过现有的手段和资源将事故控制在一定范围内。如果事故仍处于可控范围内,企业可采取局部响应措施,并逐步进行扩大控制;如果事故超出可控范围,应立即启动全面应急响应,进行全员动员和外部支援。

应急响应的启动条件是一个多维度的决策过程,涉及事故的性质、严重程度、时效性、预警机制、资源评估和可控性等多个方面。通过对这些条件的精准判断和及时响应，企业能够在发生突发事件时快速采取行动，减少事故的损害，保障人员生命安全和环境保护，并为后续的处置与恢复工作奠定基础。

二、信息通报机制

事故发生后，信息的快速传递是保障事故应急响应和处置效率的关键环节。无论是轻微的安全事件还是重大的事故，信息能否在第一时间内准确、迅速地传达给相关人员，直接关系到事故的后续处置效果、损失控制以及防止事故蔓延的可能性。为此，企业必须建立起高效的信息通报机制，以确保在事故发生的初期阶段，关键人员能够及时获取事故信息，采取恰当措施，防止事故进一步恶化。

信息通报机制的设计需要明确通报流程、责任人和时效要求。企业应根据不同类型的事故，制定详细的信息通报方案。无论是内部的员工、管理层，还是外部的监管部门、应急响应队伍等，都应根据职责分工，明确信息接收与处理的流程。每个环节的信息通报应当层层传递，做到无遗漏。事故发生时，信息通报应该按照预设的流程依次启动，确保从事故现场到高层管理人员，再到相关应急机构的信息流畅、高效。

信息通报机制的时效性至关重要。事故发生初期，时间是至关重要的因素。早期的正确判断与及时的处置能够大大减少事故对企业和社会的影响。因此，企业应要求相关部门在事故发生后的几分钟内，确保事故信息能够传递至事故应急指挥中心、相关管理人员、设备操作人员等关键岗位。对于重大事故，应当在第一时间内将信息通报至政府应急管理部门、消防等外部应急响应单位，启动全方位的应急响应机制。

为了保证信息的有效传递，企业应采用多种信息传递手段，避免单一渠道可能带来的信息传递瓶颈。例如，除了传统的电话、传真等通信手段外，还可以结合现代信息技术，如内部信息系统、移动通信工具、紧急通知平台等，确保信息可以通过多种渠道同时传递到相关人员。这不仅可以提高信息传递的速度，还能够在不同环节出现问题时，提供备选的通信手段，避免因为通信故障或其他意外因素影响信息传递的及时性。

在信息通报过程中，确保信息的准确性同样至关重要。信息通报的内容应当简洁明了、真实准确，避免由于信息误传、过度简化或夸大导致决策失误。为了避免信息失真或误解，企业应当对通报的格式进行标准化，确保所有通报信息符合统一的表达方式和规范。通报中应包含关键的事故发生时间、地点、性质、初步损失评估、可能的安全隐患等内容，以便相关人员能够迅速做出反应并实施应急措施。信息通报不仅是对事故发生情况的传递，还应该为事故处理决策提供必要的支持与依据。

除了事故初期的信息通报外，事故发生后的持续信息传递同样重要。随着事故的进展，新的信息和情况可能随时出现。企业应建立实时信息更新机制，确保关键人员能够获取最新的现场情况、应急响应进展以及应对措施的执行效果。信息更新应当以时间为主线，确保信息传递不间断，保证各方能够准确评估事故的发展动态，调整应急响应策略。信息传递的连续性与及时性直接影响到应急响应的协调性与有效性，因此在事故处理过程中，各个部门之间必须保持紧密联系与实时沟通。

信息通报机制的建设还需考虑信息的保密性。在一些涉及国家安全、商业机密或者敏感内容的事故中，信息泄露可能会引发更大的社会影响。企业应根据不同情况对信息的公开程度进行严格管理。对于公开性较强的事故，应当依照法律法规的要求，向社会、媒体以及公众进行适当的信息发布；对于较为敏感的事故信息，企业应当限制信息的传播范围，仅限于处理事故的相关人员和单位。同时，企业应确保信息传递过程中的隐私保护，避免信息滥用和外部泄漏。

在事故发生后的信息通报工作中，指挥系统的建设也发挥着关键作用。企业应当明确专门的事故应急指挥人员，设立应急指挥中心，集中管理和调配各方资源。这一指挥系统不仅需要具备对现场信息的快速接收与整理能力，还应能够根据不断变化的事故情况，及时调整信息传递策略。应急指挥中心的作用是协调各方力量，确保信息在各个部门之间的高效流通，确保各项应急措施得以顺利实施。

信息通报机制的建立应当结合企业的实际情况，进行适应性设计。不同规模、不同类型的企业，其信息通报的复杂程度和需求会有所不同。小型企业可能采用相对简单的通报流程，而大型企业则可能需要更为复杂的信息管理系统来保证信息的及时性与准确性。因此，信息通报机制的设计应当具有灵活性和可操作性，能够根据企业规模、应急响应能力以及实际管理需求进行调整优化。

信息通报机制的高效性直接决定了事故处理的效果与效率。企业在建立信息通报机制时，不仅要注重信息的快速传递和准确性，还要兼顾多种信息传递手段、时效性、保密性以及持续性更新的要求。通过科学设计与合理实施信息通报机制，企业能够在事故发生后迅速做出反应，最大限度地降低事故带来的损失，为事故的有效处置创造条件。

三、现场指挥与协调

在化工行业的应急响应过程中，现场指挥与协调扮演着至关重要的角色。事故发生后，现场指挥是决策与行动的核心，直接关系到事故的处理效果和灾害的后果。指挥人员不仅需要具备专业的知识背景，还应具备极高的决策能力与应变能力。有效的现场指挥能够协调各方面的资源和力量，确保快速、精准地应对各种突发事件，最大限度地减少损失和伤害。

现场指挥人员的专业知识和经验是决定应急响应效果的基础。指挥人员须具备对化工过程的深刻理解，熟悉相关的安全法规、应急处置措施和风险评估方法。这种专业知识不仅仅体现在理论上，还需要丰富的实践经验来支撑。在事故发生的紧急情况下，指挥人员必须能够迅速评估现场的情况，辨识出最紧迫的危险源，并根据实际情况做出合适的决策。指挥者的判断不仅是对事件本身的应对，更需要对可能出现的多种情形进行预判和防范。无论是化学品泄漏、火灾、爆炸，还是其他灾害情形，指挥人员都应当清楚每一类事故的特点、处置方法及其可能带来的后果。

现场指挥的高效性依赖于不同部门和应急小组之间的有效协调。应急响应是一个系统工程，涉及多个环节和不同职能的协作。从现场勘察、资源调配到应急队伍的派遣、伤员的救治，每一个环节都需要高度协同。指挥人员需要在事故现场指挥不同职能部门，包括安全、医疗、消防、后勤等，确保每一项任务都能够按照应急预案高效展开。指挥者不仅要调动各方面的力量，更要处理好信息的流通与反馈，确保决策的及时性和准确性。

现场指挥的核心任务之一是实时评估事故现场的风险，调整应急措施。应急响应的过程充满了不确定性和变化。事故发生后的第一时间，指挥人员的任务是迅速评估事故的规模、危害程度以及可能的发展趋势。这不仅仅是物理上的评估，更是对潜在风险的全方位考量。例如，某些化学品的泄漏可能随着时间的推移加剧其危害性，而环境的变化、气象的变化也可能影响事故的扩展。指挥人员需要根据现场的变化动态调整应急方案，灵活指挥各应急小组的行动，避免局部的应对措施与全局目标发生冲突。在这一过程中，指挥人员需要根据已有的安全预案和应急响应手册进行判断，同时根据现场情况进行灵活调整。

指挥人员还应具备良好的应变能力和冷静处置突发事件的能力。在实际的应急响应中，往往会出现多种复杂因素的交织，指挥人员必须具备高度的抗压能力和解决问题的思维。现场可能出现各种不符合预期的突发状况，例如重要设备故障、人员伤亡、通信中断等，这些都可能使应急处置面临更大的挑战。在这些情况下，指挥人员不仅要迅速做出反应，还要保持冷静，避免情绪化的决策影响整个应急过程的正常推进。应急指挥过程中，指挥人员的稳定性和决策的果断性，往往能够直接影响到团队的士气和效率。

现场指挥不仅仅是应急响应的过程，更是事故后恢复与反思的核心。事故处理过程中，指挥人员还需要兼顾后期的恢复工作，包括事故调查、责任分析以及管理改进。这是因为每一次事故的发生，往往都伴随着管理漏洞或操作失误。现场指挥人员不仅要着眼于眼前的应急处置，还要为后续的调查和总结工作提供支持。例如，现场的安全人员需要记录事故的全过程，收集相关数据和证据，为事后调查提供依据。通过对事件的反思，指挥人员和相关管理层能够找到系统性的问题，并提出改进措施，以防止类似事故的再次发生。

现场指挥与协调在应急响应中的作用是不可忽视的。它不仅要求指挥人员具备专业的知识和丰富的经验，还要求其具有高度的应变能力、全局观念和协调能力。指挥人员要在事故发生后的第一时间迅速评估现场情况，合理调动各方资源，确保应急小组协同工作，并在应急过程中灵活调整策略，确保应急处置高效而有效。同时，指挥人员还需要在应急响应结束后参与事故的调查和总结，推动企业安全管理体系的持续改进。有效的现场指挥与协调，能够最大限度地减少事故的损失和伤害，提升企业的应急响应能力。

第三节　事故后的调查与管理改进

一、事故调查的目的与原则

事故调查是化工企业安全管理的重要环节，其核心目的是揭示事故发生的根本原因，并根据调查结果采取有效措施，防止类似事件再次发生。事故调查不仅是对单一事件的回顾，更是对安全管理体系的深入审视。管理者通过系统的调查可以识别出管理、技术、操作等多方面的薄弱环节，帮助企业在全局上提升安全管理水平。事故调查的目的不仅是找出责任方，更是通过分析事故发生的内外部因素，为未来的安全防范措施提供科学依据，确保企业在面对类似风险时能够及时采取有效预防措施。

事故调查的首要目标是查明事故发生的直接和间接原因，特别是深层次的根本原因。这不仅包括事故发生时的具体操作错误或失误，还涵盖了管理制度的缺陷、设备技术问题、人员培训不足、环境因素等多方面的因素。通过对事故全过程的详细调查，企业能够全面了解导致事故的各个因素，并在此基础上提出整改措施，确保事故不再发生。事故调查还可以通过对事故发生规律的总结和分析，增强企业对未来可能出现的安全隐患的预见性，从而避免事故的再次发生。

调查过程中，保证客观性、公正性、全面性是至关重要的。客观性要求事故调查小组必须以事实为依据，摒弃任何主观臆断或偏见。调查人员在收集证据时，要尽可能避免受到外界影响，以确保调查结果的准确性和可靠性。调查应依据客观事实，遵循公正原则，保证对所有涉及人员和环节的全面调查，避免片面性和选择性调查。调查人员应当独立于事故相关方，避免任何形式的利益冲突或干预，以确保调查结果的公正性。

调查必须具备全面性。在事故调查的过程中，不仅要关注直接的事故原因，还要深刻剖析背后的管理机制、操作流程、技术设施、人员素质等多个方面。事故调查不应仅停留在对具体环节的分析上，更要从系统的角度出发，审视整个工作环境、企业安全文化、组织结构等因素。调查人员应深入现场，收集第一手资料，与相关人员进行充分的交流，了解其操作行为及背景，从各个维度对事故原因进行探讨。这种全面的调查视角，不仅有助于全面揭示事故的根本原因，还有助于发现潜在的安全隐患，避免遗漏某些细节，确保调查结果的完整性。

调查还需遵循一定的程序和步骤，确保调查的科学性和规范性。事故调查应从事故发生的初期开始，按照一定的时间顺序和流程进行分析，逐步收集相关证据，逐项排查潜在的原因。调查小组应先对事故现场进行勘察，收集现场证据，固定事故发生的关键数据和物证。然后，通过对事故相关人员的询问，了解其当时的操作行为、意识状态等，进一步分析事发时的环境和条件。此外，还应查阅相关文件记录、操作规程、安全管理制度等，以全面还原事故的全过程。

在事故调查的过程中，信息收集至关重要。所有与事故相关的信息都应被完整记录并加以分析。这些信息不仅包括事故发生前后的物理证据，如设备故障记录、操作记录、监控视频等，也包括人员的行为信息、管理文件、法规制度等。从中提炼出关键的数据和证据，能够帮助调查人员推断出可能的事故原因，识别系统性问题。信息的收集过程要系统化，确保没有遗漏关键线索。所有的证据材料都应通过正规程序进行获取，并确保其合法性与有效性。调查过程中，所有的信息应通过严谨的分析方法加以处理，确保结果的准确性。

在事故调查的结论阶段，调查小组需对所有收集到的信息进行综合分析，形成事故的原因报告。这一报告不仅要清楚地列出事故发生的直接原因，还应深刻挖掘深层次的管理、技术、操作等方面的问题。调查结果应对事故各方的责任进行明确认定，但调查的最终目标并非仅仅找出责任人，更在于通过分析发现企业安全管理的薄弱环节，提出具体的改进措施。改进措施不仅应涵盖安全操作规程的优化、设备技术的升级，还应涉及员工安全培训、应急演练的增强以及安全文化建设的强化等方面。这些措施的落实，能够有效减少未来类似事故的发生，并为企业安全管理的持续改进提供参考。

事故调查的报告不仅是事故处理的依据，也应成为企业改进安全管理、完善管理体系的重要参考。企业应根据调查结果，深入分析事故的根源，制订具体的整改计划，确保从根本上消除隐患，提升整体安全水平。同时，调查报告还应作为企业安全培训的教材,通过对事故的案例分析,让全体员工认识到安全管理的重要性,从而加强全员安全意识,促使企业形成更为积极、完善的安全文化。

事故调查不仅是应急反应的一部分,更是企业安全管理体系中的重要环节。科学、系统、公正的调查,可以为企业提供深刻的反思,帮助发现潜在的安全风险,进而促进企业在安全管理上的全面提升。事故调查的最终目的是通过识别和消除事故隐患,最大限度地保障员工的生命安全,确保企业的正常运营与可持续发展。

二、数据收集与分析

在事故调查过程中,数据收集与分析是至关重要的环节,它为确定事故原因、评估事故影响以及制定后续改进措施提供了科学依据。通过系统地收集事故发生前后的相关数据,调查人员能够还原事故发生的全过程,发现潜在的安全隐患,并提出切实可行的防范对策。因此,数据收集不仅是事故调查的基础,而且是改进安全管理体系的关键。

数据收集的第一步是明确调查的目标和范围。事故调查不仅仅是为了查明单一的直接原因,更多的是通过综合分析,揭示导致事故发生的各种因素之间的相互关系。因此,收集的数据应当涵盖多个方面,包括操作记录、设备状态、人员活动、环境条件等各类信息。这些信息为调查人员提供了全面的视角,有助于从不同角度分析事故原因,从而更准确地找出根本原因。

操作记录是数据收集中的重要组成部分,它能够反映出在事故发生前后的操作过程是否规范、是否存在人为错误。通过分析操作记录,调查人员能够发现操作人员在事故发生前是否有违反操作规程的行为,是否存在疏忽大意或误操作的情况。此外,操作记录还能够揭示出操作人员对设备状态的了解程度、操作过程中的决策判断以及与其他员工的沟通协调等方面的信息。通过对这些记录的详细分析,调查人员可以确认操作失误是否是事故发生的直接原因,进而采取针对性的预防措施。

设备状态也是数据收集的关键内容之一。在化工、制造等高风险行业,设备的正常运行是保证生产安全的前提。设备故障、老化或保养不及时等问题可能会导致严重的安全事故。调查人员必须详细收集事故发生前后设备的运行状态数据，包括设备的维护记录、检修历史、故障报告、性能测试结果等。这些数据能够帮助调查人员识别设备是否存在潜在的技术缺陷，是否符合安全标准，以及设备在事故发生前是否出现了异常。如果设备故障被确认是事故的根本原因，进一步的数据分析将有助于找出故障发生的原因，如设计缺陷、维护不足或操作不当等。

除了操作记录和设备状态，人员活动的相关数据同样至关重要。人员活动数据的收集包括员工在事故发生期间的具体位置、工作内容、与其他人员的互动、执行任务时的状态等信息。这些数据有助于分析在事故发生时，员工是否按照规程操作，是否受到外界干扰或压力，以及在危急情况下的反应表现。例如，员工是否在规定的时间内完成了必要的安全检查，是否按时采取了应急措施等。通过对这些信息的分析，调查人员可以评估员工的行为是否符合安全操作规范，从而判断是否是人为因素导致了事故的发生。

环境因素也是数据收集中不可忽视的一部分。环境条件包括气候、温湿度、气压等外部因素，这些因素有时可能对设备运行和人员行为产生影响。例如，高温、低温或湿度过大可能会导致设备的故障或使某些危险化学品发生反应。此外，工作场所的布局、照明、通风等条件也可能影响员工的安全行为和应急反应能力。因此，环境条件的数据收集对于全面评估事故原因和制定改进措施具有重要意义。

在数据收集之后，数据分析是下一步至关重要的工作。数据分析的目的是从大量的原始数据中提取出关键的信息，并通过合理的分析方法找出事故发生的根本原因。这一过程需要对收集到的各类数据进行分类、整理、对比和交叉分析，以便从多个角度进行综合评估。数据分析不仅仅是对单一因素的追溯，更要将操作失误、设备故障、人员行为、环境因素等多方面因素结合起来，形成一个系统性的因果链条。

分析过程中，数据的准确性和完整性至关重要。如果数据存在缺失或不准确的情况，将直接影响分析结果的可靠性。调查人员需要对收集到的数据进行严格的核实和校对，确保每一项数据都能够真实反映实际情况。同时，在进行数据分析时，还应结合行业标准和安全规范，以便判断数据所反映的情况是否符合安全要求。

通过对数据的深入分析，调查人员能够明确事故发生的原因，并提出相应的改进措施。这些措施可以是技术层面的，如加强设备维护、更新老化设备、引入新技术等；也可以是管理层面的，如完善操作规程、加强员工培训、优化工作环境等。此外，数据分析还可以帮助识别潜在的安全风险，提前进行预警，从而降低未来事故的发生概率。

数据收集与分析在事故调查过程中具有不可或缺的重要性。通过科学的数据收集，调查人员能够全面了解事故的背景、过程和影响，从而为事故原因的分析提供依据；通过深入的数据分析，调查人员能够准确找出事故的根本原因，并为制定改进措施提供指导。这一过程不仅有助于提升企业的安全管理水平，也为防范未来的安全事故奠定了基础。

三、管理改进措施的制定

在企业的安全管理体系中，管理改进措施的制定是一项至关重要的工作。其目的是通过分析当前安全管理中存在的薄弱环节，结合实际调查结果，制定系统性和可操作性的措施，逐步提高企业的整体安全管理水平。这些改进措施应从多个维度出发，涵盖安全管理制度、培训内容、设备维护等方面，以确保安全管理体系的全方位提升。

企业应根据调查结果，着重修订和完善现有的安全管理制度。安全管理制度是保障企业安全运营的基石，其是否健全、明确，直接影响企业日常运营中的安全管理效果。通过调查分析，企业能够明确现有安全制度的不足之处，并据此进行改进。比如，某些规章制度可能存在执行不力、缺乏细化的情况，或者有些安全措施未能有效落地。改进后的制度应做到规范性和操作性相结合，确保每一项安全措施都能明确责任人，落实到具体的操作流程中。此类制度的优化不仅能够减少管理上的疏漏，还能帮助企业构建起更加健全的安全管理体系，为各项安全工作提供制度保障。

除了制度的完善，培训内容的提升也是管理改进的关键所在。调查结果往往能够揭示出员工在安全意识、操作规程、应急处置等方面的薄弱环节，针对这些问题，企业需要制定更具针对性的培训方案。培训内容应当根据不同岗位的需求进行分类和定制，不仅涵盖基本的安全操作规程，还应加强对特殊操作环境下的安全措施和应急预案的讲解。此外，培训形式的创新也应成为改进的重点，传统的理论培训往往难以激发员工的主动性和参与感，企业可通过模拟演练、案例分析、互动式培训等方式提高员工对安全问题的关注和实际操作能力。通过不断优化培训内容和方式，员工的安全素质和应急反应能力得到提升，从而增强企业整体的安全管理水平。

设备维护的改进也是管理提升中的重要一环。设备作为生产运营的重要支撑，其安全性直接影响企业的整体安全水平。调查结果可能揭示出设备老化、维护不及时、技术水平滞后等问题，这些问题往往会在生产过程中形成潜在的安全风险。企业应根据调查发现，重新评估设备维护管理的现状，制定具体的改进措施。企业需要建立完善的设备档案，定期对设备进行检查和保养，确保每台设备都能保持最佳运行状态。企业要加强对关键设备的维护，尤其是那些对安全影响较大的设施，应制定更加详细的检查和维修方案。企业还应关注设备更新和技术升级的问题，在技术不断发展的背景下，及时引入先进的设备和技术，确保企业设备处于行业领先水平。通过完善设备维护和管理，企业能够有效降低设备故障率，减少因设备问题引发的安全事故。

在此基础上，企业还需对安全管理的监督和评估机制进行改进。有效的监督和评估体系可以确保安全管理措施的落实，并为后续的管理改进提供数据支持。调查结果可以为企业提供一手的安全管理信息，帮助企业发现管理中的盲点和不足。企业应根据调查结果，进一步加强内部检查和外部审计的工作，定期进行安全评估，并对安全管理的各个环节进行监控。通过完善评估机制，企业不仅能够及时发现问题，还能形成持续改进的管理氛围，促使各部门不断提升自身的安全管理水平。

企业还应注重安全文化的建设，并将其融入管理改进的全过程中。安全文化是企业整体安全管理水平的体现，它对员工的安全行为和工作态度有着潜移默化的影响。企业可以通过加强安全文化的宣传和教育，提高员工的安全意识，进一步促进安全管理制度的落实。在管理改进过程中，企业应注重通过多种渠道激发员工的安全责任感，提升员工的参与度，营造全员参与、共同推动安全管理改进的良好氛围。

　　管理改进措施的制定应是一个综合性的过程，涉及安全管理制度、培训内容、设备维护、监督评估、文化建设等多个方面。企业应根据调查结果，全面诊断当前管理体系中的薄弱环节，结合行业最佳实践，制定出切实可行的改进措施。这些措施一旦落实到位，将有助于提升企业的整体安全管理水平，进一步降低安全事故的发生概率，为企业的可持续发展打下坚实的基础。

参考文献

[1] 杨德庆. 基于本质安全理念的化工安全技术管理体系深度剖析[J]. 化工安全与环境, 2024, 37 (11): 97–99.

[2] 高瑞敏. 化工工程中的安全生产管理与应急响应机制研究[J]. 中国石油和化工标准与质量, 2024, 44 (19): 7–9.

[3] 巩亚明. 石油化工安全技术与工程的基本思想及基本理论探讨——评《石油化工安全概论》[J]. 化学工程, 2024, 52 (10): 107.

[4] 李海涛. 化工安全生产与化工生产技术管理的关联性探究[J]. 中国石油和化工标准与质量, 2024, 44 (16): 13–15.

[5] 王迎春, 王潇潇, 王艳, 等. 探索有效保障化工安全生产的新思路[J]. 化工时刊, 2024, 38 (4): 44–46.

[6] 陈珊珊, 钮晓青. 化工生产技术管理与化工安全生产的关系探讨[J]. 中国石油和化工标准与质量, 2024, 44 (13): 29–31.

[7] 谈朋, 刘畅, 吴宏描, 等. 以化工本质安全为核心的化工安全工程专业建设[J]. 化工高等教育, 2024, 41 (3): 14–18.

[8] 穆仕芳, 王燕, 纪文涛. 基于安全工程专业的化工工艺课程教学改革[J]. 河南教育 (高教), 2024 (6): 59–61.

[9] 苏朝正. 化工生产技术管理与化工安全生产之间的关系初探[J]. 中国石油和化工标准与质量, 2024, 44 (10): 24–26.

[10] 汪其昌. 新时期化工企业的安全生产和管理[J]. 现代班组, 2024 (10): 26–28.

[11] 熊东, 朱明伟, 蔡峰, 等. 浅析化工生产技术管理与化工安全生产的关系[J].

清洗世界, 2024, 40 (1): 78-80.

[12] 曹京. 机械自动化技术在化工安全生产中的应用探讨[J]. 中国设备工程, 2024 (8): 55-57.

[13] 孙春红, 李清军, 王莉丽. 化工生产技术管理与化工安全生产的关系[J]. 中国石油和化工标准与质量, 2024, 44 (7): 59-61.

[14] 张军亮, 金侃. 面向行业职业需求的双环增长式应用型课程教学改革——安全工程专业化工安全学课程[J]. 化学教育(中英文), 2024, 45 (6): 76-82.

[15] 付净, 陈卓, 付顺. 基于PBL的化工安全工程学课程思政实施路径研究[J]. 安全, 2024, 45 (3): 58-63.

[16] 刘锋, 汤德忠, 田显锋, 等. 化工生产技术管理与化工安全生产关系研究[J]. 当代化工研究, 2024 (4): 194-196.

[17] 程家骥, 张峰, 管雨, 等. 基于实践项目的化工安全综合实验设计[J]. 广州化工, 2023, 51 (2): 230-232.

[18] 叶莉莉, 毕明树, 高伟, 等. 工程认证背景下化工安全人才培养模式构建[J]. 中国安全生产, 2023, 18 (9): 28-30.

[19] 吕秀芬. 化工生产技术管理与化工安全生产的关联性分析[J]. 中国石油和化工标准与质量, 2023, 43 (17): 49-51.

[20] 李世星, 刘准凯, 雷廷. 以化工安全为特色的安全工程实践教学探讨[J]. 化学工程与装备, 2023 (8): 283-285.

[21] 张光. 化工安全工程存在的问题与采取措施[J]. 化学工程与装备, 2023 (8): 238-239, 31.

[22] 顾凌燕, 袁拥军. 浅析化工安全生产与生产技术管理[J]. 化工设计通讯, 2023, 49 (5): 128-130, 133.

[23] 高志伟, 郭兵团, 周成君. 化工企业安全工程事故及应对措施[J]. 山东化工, 2023, 52 (9): 217-218, 224.

[24] 彭永文, 王存金, 王勇. 化工生产技术管理与化工安全生产的相关性研究[J]. 化纤与纺织技术, 2023, 52 (4): 78-80.

[25] 韦姣乐, 刘建华. 化工安全工程存在的问题与措施[J]. 化工设计通讯, 2023,

49 (3): 142–145.

[26] 卞广涛. 化工安全工程存在的问题及改进建议[J]. 化学工程与装备, 2023 (3): 270–271, 282.

[27] 张贺新, 夏友谊, 杨建国, 等. 工程教育认证背景下化工安全与环境保护课程改革与实践[J]. 广州化工, 2023, 51 (3): 234–236.

[28] 刘岩梅. 化工安全生产管理工作的优化分析[J]. 当代化工研究, 2022 (2): 23–25.

[29] 田文娜. 化工安全仪表系统工程设计和应用[J]. 化工设计通讯, 2022, 48 (6): 70–72.

[30] 姚春燕. 加强安全技术管理提升化工安全水平[J]. 清洗世界, 2022, 38 (5): 176–178.

[31] 蔡先念. 浅析化工安全生产中存在的问题及对策建议[J]. 当代化工研究, 2022 (3): 84–86.